建筑识图与构造
技能训练手册

主　编　金梅珍
副主编　吕淑珍
主　审　杨云会

人民交通出版社
China Communications Press

内 容 提 要

本手册与吕淑珍主编的《建筑识图与构造》（浙江省"十一五"重点教材建设项目成果）配套使用。全书共设 7 个项目 21 个任务，书后附有两套施工图。

本手册可作为高等职业技术院校建筑工程技术、建筑工程管理、工程监理、工程造价等专业"建筑识图与构造"课程教学配套用书，也可作为建筑技术人员的自学参考书。

图书在版编目（CIP）数据

建筑识图与构造技能训练手册/金梅珍主编. --北京：人民交通出版社，2011.11
ISBN 978-7-114-06284-1

Ⅰ.①建…　Ⅱ.①金…　Ⅲ.①建筑制图-识别-手册②建筑构造-手册　Ⅳ.①TU204-62②TU22-62

中国版本图书馆 CIP 数据核字（2012）第 046127 号

书　　名：	建筑识图与构造技能训练手册
著 作 者：	金梅珍
责任编辑：	邵　江　刘彩云
出版发行：	人民交通出版社
地　　址：	(100011) 北京市朝阳区安定门外外馆斜街 3 号
网　　址：	http://www.ccpress.com.cn
销售电话：	(010) 59757973
总 经 销：	人民交通出版社发行部
经　　销：	各地新华书店
印　　刷：	北京鑫正大印刷有限公司
开　　本：	787×1092　1/16
印　　张：	16
字　　数：	370 千
版　　次：	2011 年 11 月　第 1 版
印　　次：	2015 年 12 月　第 5 次印刷
书　　号：	ISBN 978-7-114-06284-1
定　　价：	29.00 元

（有印刷、装订质量问题的图书由本社负责调换）

前　言
QIANYAN

　　本手册以施工图识图能力训练项目为主线,以"以职业活动为导向、突出能力目标、以学生为主体、以项目任务为载体"的理念编写,与吕淑珍主编的《建筑识图与构造》(浙江省"十一五"重点教材建设项目成果)配套使用。

　　根据"建筑识图与构造"课程教学需要,立足学生实际工程图识图技能培养与综合素质的提高,结合课程理论技能考核方式的实施要求,特组织一批教学与实践经验丰富的教师编写本手册,与教材配套使用。本手册由各项目的任务书、指导书、练习思考题及技能训练题等组成。技能任务的编写由浅入深,并将最新的国家标准、有关规范及图集的运用融入其中。

　　本手册训练方式主要有下列几种:一是直接在手册上作图、解答或自备图纸绘图;二是在测绘实物建筑或1∶1建筑仿真模型的基础上绘图;三是根据给定图形进行模型制作;四是在识读土建施工图的基础上完成识图报告或补绘相关图样;五是在审阅施工图的基础上完成施工图自审记录或图纸会审纪要;六是通过设计,绘制房屋建筑施工图。通过上述方式的训练,培养与提高学生的空间想象能力、房屋建筑工程图识图能力、工业与民用建筑常见构造节点处理能力。

　　本手册由浙江广厦建设职业技术学院金梅珍主编并统稿,吕淑珍副主编,昆明冶金高等专科学校杨云会主审。项目1、4由吕淑珍编写,项目3、5由金梅珍编写,项目2的2.1、2.5节由王春福编写,项目2的2.3、2.4节由董罗燕编写,项目2的2.2节由林丽编写,项目6由浙江江南工程管理股份有限公司张正平编写,项目7由杜国平、王春福编写。附录由张正平提供,林丽、潘益军参与了部分图形绘制与格式修改。在此,对以上人员所付出的努力表示衷心的感谢!

　　由于编者水平有限,书中不足之处在所难免,敬请广大读者对书中欠妥之处提出批评指正。

编者

2011 年 6 月

目 录
MULU

项目1 建筑形体与房屋建筑施工图初识 ··· 1
  任务1.1 绘制心中的一栋建筑图,标出各部位的名称 ···················· 3
  任务1.2 识读建筑形体投影图 ·· 7
  任务1.3 初识房屋建筑施工图 ·· 32

项目2 建筑节点构造识图 ·· 37
  任务2.1 识读地下室防水防潮构造图 ······································ 39
  任务2.2 识读墙身构造图 ·· 45
  任务2.3 识读楼地层构造图 ·· 51
  任务2.4 识读楼梯构造图 ·· 57
  任务2.5 识读屋顶构造图 ·· 70

项目3 建筑施工图识图 ·· 75
  任务3.1 识读建筑施工图总说明和总平面图 ································ 77
  任务3.2 识读建筑平面图 ·· 83
  任务3.3 识读建筑立面图 ·· 87
  任务3.4 识读建筑剖面图 ·· 91
  任务3.5 识读建筑详图 ·· 95

项目4 结构施工图识图 ··· 101
  任务4.1 识读结构设计总说明 ··· 103
  任务4.2 识读钢筋混凝土构件详图 ······································· 106
  任务4.3 识读房屋结构施工图 ··· 114
  任务4.4 识读房屋结构施工图——平法识图 ······························ 118

项目5 施工图综合识图 ··· 125
  任务5.1 施工图综合识图 ··· 127

项目6 施工图审图 ·· 133
  任务6.1 施工图审图 ··· 135
  任务6.2 施工图会审(会审模拟、撰写施工图会审纪要) ··················· 138

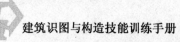

项目7　房屋建筑设计（实训）····························· 143

　任务7.1　新农村独院式住宅楼（别墅）设计 ············· 145

附表：《建筑识图与构造》技能考核：项目/任务考核评分参考表 ····· 151

附录1　某传达室土建施工图 ····························· 153

附录2　某厂房土建施工图 ····························· 169

参考文献 ··· 201

项目1　建筑形体与房屋建筑施工图初识

任务1.1　绘制心中的一栋建筑图，标出各部位的名称

任务1.2　识读建筑形体投影图

任务1.3　初识房屋建筑施工图

任务 1.1 绘制心中的一栋建筑图,标出各部位的名称

子任务　1. 认识课程、明确目标,绘制心中的一栋建筑图
　　　　2. 标出建筑各部位名称

1.1.1 任 务 书

1)目的

(1)明确建筑物的构造组成。

(2)提高空间想象能力。

2)内容与要求

(1)在教师的指导下参观实物建筑、建筑施工现场或 1∶1 建筑仿真模型,课后自我参观,明确建筑物的构造组成。

(2)绘制心中的一栋建筑图。

【内容】 发挥想象,绘制心中的一栋建筑图,尽可能把自己想象中的建筑用图形完整美观地表现出来;尽可能多地标注出所设计的建筑物各部分的名称,注明建筑类型、结构类型等。

绘制完成后,学生(代表)展示讲解。

【要求】 将想象中的建筑绘制成图,尽可能完整美观,标注类型与各部分的名称。

(3)标注建筑各部位的名称。

【内容】 根据所给的建筑物轴测图,标注建筑各部位名称,并填入图中的方框内。

【要求】 各部位名称标注正确。

3)应交成果

(1)图:心中的一栋建筑。

(2)标注了各部位名称的建筑物立体图。

4)时间要求

(1)心中的一栋建筑:课内 + 课后完成。

(2)标出建筑物各部位的名称:课内完成。

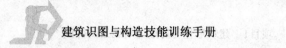

5）成绩评定办法

成绩评定：技能考核过程评价与成果评价结合，由学生自我评价、小组组长评价（小组成员互评）、教师评价按比例评分确定总成绩，各类评价对象的考核内容详见附表"《建筑识图与构造》技能考核：项目/任务考核评分参考表"。

"心中的一栋建筑"成果评定标准：

90～100分：想象中的建筑物有一定的创意，各建筑组成内容基本完整，较美观。

80～90分：想象中建筑物的各建筑组成内容基本完整，较美观。

70～80分：想象中建筑物的各建筑组成内容基本完整。

60～70分：想象中建筑物表达了建筑物的大部分内容。

"标出建筑物各部位的名称"成果评定标准：按完成内容的全面性与正确性进行评价。

1.1.2 指导书

1)目的

(1)明确建筑物的构造组成。

(2)提高空间想象能力。

2)内容与要求

(1)在教师的指导下参观实物建筑、建筑施工现场或1:1建筑仿真模型,课后自我参观,明确建筑物的构造组成。

(2)绘制自己心目中的一栋建筑图。

(3)标注建筑各部位的名称。

3)指导

(1)教师分批带领学生参观并讲解:建筑组成及类型——实物建筑、建筑施工现场或1:1建筑仿真模型。并对如何利用实物建筑、建筑施工现场或1:1建筑仿真模型进行进一步学习做好引导。

(2)绘制心中的建筑图时,启发学生充分发挥想象能力,自由发挥完成绘图任务。图形不作具体要求。学生间可相互讨论,相互评论;作品完成后根据学生的绘图情况,抽2~3位学生展示讲解,在教师与学生评价后可再进行修改。在所绘图中,应尽可能多地标注出名称,并写出自己所绘制图形的结构类型、建筑类型等。

(3)相关知识:建筑物的组成。在所给建筑物立体图中"标注建筑各部位名称"时,应在认真听课、复习或课外查阅资料的基础上独立完成。

4)成果要求

(1)绘制心中的一栋建筑图,自由发挥完成绘图任务。但图面要清楚,文字标记要工整准确。

(2)标注了各部位名称的建筑物立体图,文字清楚。

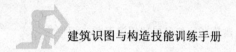

1.1.3 技 能 训 练

班级_____姓名_____学号_____自评_____互评_____师评_____

（1）绘制心中的一栋建筑图，在所绘图中，应尽可能多地标注出名称，并写出所绘制图形的结构类型和建筑类型等信息。

（2）请标注下列建筑各部位的名称，并填入图 1-1 的方框内。

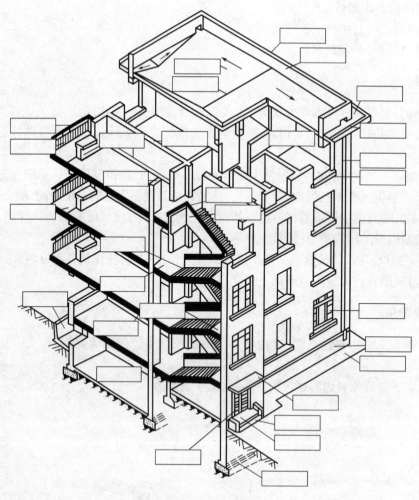

图 1-1

任务 1.2　识读建筑形体投影图

子任务　**1. 根据基本体模型或直观图绘制投影图**

　　　　　2. 绘制组合体建筑形体的三视图

　　　　　3. 绘制三视图，量取尺寸并标注尺寸

　　　　　4. 建筑形体投影图识图

1.2.1　任 务 书

1）目的

(1)培养与提高空间想象能力。

(2)能正确使用绘图工具仪器。

(3)能度量尺寸按比例绘制建筑形体投影图。

(4)能按有关制图规范绘图。

(5)能团队合作测绘形体、完成模型制作。

2）内容与要求

(1)线型练习

【内容】　正确使用绘图工具仪器，按《房屋建筑制图统一标准》(GB/T 50001—2010)等的要求，完成各类图线的线型练习；抄绘常用建筑材料图例。

【要求】　独立完成 A3 图纸。线型正确，符合国标要求；线宽合理，分清粗、中、细。布图合理，选用的绘图比例符合要求；标题栏内容齐全。

绘图比例按所给参考比例或可自行确定。

(2)建筑形体投影图的绘制

【内容】　在房屋构造实训室(或在教室)，测绘教师给定的模型；选择形体合适的摆放位置与投影方向，根据投影原理绘制形体三视图。或根据教师给定的立体图绘制形体三视图。绘图比例按所给参考比例或可自行确定。

【要求】　①独立完成 A3 图纸。形体摆放位置与投影方向合理，绘制的形体投影图符合投影规律，图形正确；布图合理，选用的绘图比例符合要求；标题栏内容齐全。②完成手册中相关练习。

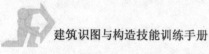

（3）建筑形体测绘及尺寸标注

【内容】 独立完成 A4 图纸。在房屋构造实训室（或在教室），测绘教师给定的模型；选择形体合适的摆放位置与投影方向，根据投影原理绘制形体三视图；并标注尺寸。

【要求】 形体摆放位置与投影方向合理，绘制的形体投影图符合投影规律，图形正确；布图合理，选用的绘图比例按所给参考比例或可自行确定；标题栏内容齐全；尺寸标注完整、正确、合理。

（4）根据形体三视图绘制轴测图并制作模型

【内容】 根据平面体三视图绘制轴测图并制作模型（详见"1.2.3 技能训练"图 1-3 ~ 图 1-6）。

①每人独立完成第（1）题的基本体模型柱体、锥体各一个，第（2）题的组合体模型一个。

②小组合作完成第（3）小题建筑形体模型。

【材料、工具准备】 KT 板、绘图工具、刀片、胶带等。

【要求】

①认真识读投影图，在读懂投影图的基础上，先草绘轴测图，再在 KT 板上绘图取材制作模型。制作比例 2∶1（或自定比例）。

②每人独立制作：棱柱体、棱锥体模型各一个，组合体模型一个，具体可根据提供的形体选择；小组合作完成建筑形体模型一个。

③要求符合三视图准确表达出形状与大小。

④表面尽量相连不断，节约材料，要求尺寸标准、表面平整、形状规则，即达到正确美观，尺寸比例符合要求。

⑤要求在模型表面标出任务名称、形体名称、班级、姓名、组号。

（5）建筑形体剖面图与断面图绘制

【内容】 根据建筑形体视图、指定的剖切位置与投影方向，绘制剖面图与断面图。

【要求】 明确剖面图与断面图的概念，按《房屋建筑制图统一标准》（GB/T 50001—2010）有关线型要求绘图，图形正确、清晰。

3）应交成果

（1）A4 图纸：线型练习。

（2）A4 图纸：根据模型（立体图）绘投影图。

（3）根据立体模型绘投影图并标注尺寸。

（4）模型。个人：棱柱体、棱锥体模型各一个，组合体模型一个；小组：建筑形体模型一个。

4）时间要求

课内＋课后完成。

5）成绩评定办法

成绩评定：技能考核过程评价与成果评价结合，由学生自我评价、小组长评价（小组成员互评）、教师评价按比例评分确定总成绩，考核内容参见附表"《建筑识图与构造》技能考核：项目/任务考核评分参考表"。

绘图成果评定标准：

90～100 分：布图合理；图形正确，符合投影规律；线型、线宽符合制图标准；尺寸标注完整正确合理；注写工整、图面整洁。

80～90 分：图形正确，符合投影规律；线型、线宽基本符合制图标准；尺寸标注完整正确合理性较好；字体基本符合要求、图面较整洁。

70～80 分：图形基本正确，符合投影规律；线型、线宽部分基本符合制图标准；尺寸标注基本完整；图面较整洁。

60～70 分：图形基本正确，符合投影规律；线型、线宽部分基本符合制图标准；尺寸标注基本完整；图面较整洁。

模型成果评定标准：

90～100 分：模型尺寸正确、表面平整、形状规则、比例合理。

80～90 分：模型尺寸正确、表面基本平整、形状较规则、比例合理。

70～80 分：模型尺寸基本正确、表面基本平整、形状较规则、比例稍有偏差。

60～70 分：模型尺寸基本正确、表面基本平整、美观性较差、比例有偏差。

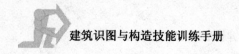

1.2.2 指 导 书

1）目的

（1）培养与提高空间想象能力。

（2）能正确使用绘图工具仪器。

（3）能度量尺寸按比例绘制建筑形体投影图。

（4）能按有关制图规范绘图。

（5）能团队合作。

2）内容与要求

（1）线型练习:完成各类图线的线型练习,抄绘常用建筑材料图例。

（2）建筑形体投影图绘制:根据给定模型测绘并绘图。

（3）建筑形体投影图绘制及尺寸标注:根据立体图（或模型）绘制三视图并标注尺寸。

（4）据建筑形体三视图绘制轴测图、制作模型、补图或补线。

（5）绘制建筑形体的剖面图与断面图。

3）指导

（1）A3 图纸绘图前要注意布图,先布图,再绘图,布图时除考虑图形位置、大小外,还应考虑尺寸标注位置;绘图应按步骤打底稿、加深、标尺寸等。标尺寸前须先检查绘图内容的正确性。选用的绘图比例符合要求,标题栏内容齐全。

（2）线型练习及三视图绘制中,首先应学会正确使用绘图工具仪器,线型符合《房屋建筑制图统一标准》（GB/T 50001—2010）等的要求;建筑材料的图例线,斜线要求采用 45°细线。抄绘《房屋建筑制图统一标准》（GB/T 50001—2010）中的建筑材料图例。

（3）形体测绘、绘图时应先选择形体合适的摆放位置与投影方向,以表达清楚、减少虚线为原则。

（4）绘制的形体投影图须符合投影规律,特别注意"宽相等"。绘制的图形正确、线型正确、线宽合理;尺寸标注完整、正确、合理。

（5）模型制作

①应先准备好 KT 板、绘图工具、刀片、胶带等材料与工具。

②S 认真识读投影图,在读懂投影图的基础上,先草绘轴测图,再在 KT 板上绘图取材制作模型。制作比例2:1（或自定比例）。

③每人独立制作:棱柱体、棱锥体模型各一个,组合体模型一个,具体可根据提供的形体选择;小组合作完成建筑形体模型一个。

④要求符合三视图准确表达出形状与大小。

⑤表面尽量相连不断,节约材料,要求尺寸标准、表面平整、形状规则,即达到正确美观,尺寸比例符合要求。

⑥要求在模型表面标出任务名、形体名称、班级、姓名、组号。

(6)绘制建筑形体的剖面图与断面图时,要注意剖切位置与剖切后的投射方向、剖面图与断面图区别,按国家标准规定的线型绘图,标注图名。

4)成果要求

(1)A4 图纸:线型练习、材料图例。要求线型规范、粗细分明、线条均匀、布图合理。

(2)A4 图纸:根据形体模型(或立体图)绘投影图。要求测绘正确,布图合理,按常用比例绘图;线型规范、线宽组合理,图形清晰,符合投影规律。

(3)A4 图纸:根据立体模型绘投影图并标注尺寸。要求测绘正确,布图合理,按常用比例绘图;线型规范、线宽组合理,图形清晰,符合投影规律。

(4)模型:个人——棱柱体、棱锥体模型各一个,组合体模型一个;小组——建筑形体模型一个。

(5)本手册中相关练习。

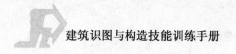

1.2.3 技 能 训 练

班级_____ 姓名_____ 学号_____ 自评_____ 互评_____ 师评_____

1)字体(长仿宋字体)练习

abcdefghijklmnopqrstuvwxyz

ABCDEFGHIJKLMNOPQRS

0123456789

长仿宋体比例尺寸平面图立面图混凝土材料钢筋轴线墙体基础梁柱

术　□　□　□　□　□　　柱　□　□　□　□
技　□　□　□　□　□　　梁　□　□　□　□
明　□　□　□　□　□　　础　□　□　□　□
说　□　□　□　□　□　　基　□　□　□　□
工　□　□　□　□　□　　体　□　□　□　□
施　□　□　□　□　□　　墙　□　□　□　□
核　□　□　□　□　□　　线　□　□　□　□
审　□　□　□　□　□　　轴　□　□　□　□
日　□　□　□　□　□　　箍　□　□　□　□
月　□　□　□　□　□　　钢　□　□　□　□
年　□　□　□　□　□　　料　□　□　□　□
计　□　□　□　□　□　　材　□　□　□　□
设　□　□　□　□　□　　十　□　□　□　□
物　□　□　□　□　□　　九　□　□　□　□
筑　□　□　□　□　□　　八　□　□　□　□
建　□　□　□　□　□　　七　□　□　□　□
标　□　□　□　□　□　　六　□　□　□　□
块　□　□　□　□　□　　五　□　□　□　□
砌　□　□　□　□　□　　四　□　□　□　□
砖　□　□　□　□　□　　三　□　□　□　□
准　□　□　□　□　□　　二　□　□　□　□
标　□　□　□　□　□　　一　□　□　□　□
泥　□　□　□　□　□　　楼　□　□　□　□
水　□　□　□　□　□　　楼　□　□　□　□
窗　□　□　□　□　□　　地　□　□　□　□
门　□　□　□　□　□　　层　□　□　□　□
石　□　□　□　□　□　　屋　□　□　□　□
砂　□　□　□　□　□　　房　□　□　□　□
板　□　□　□　□　□　　部　□　□　□　□
　　　　　　　　　　　　细　□　□　□　□

2）线型练习，用 A3 图纸抄绘图 1-2

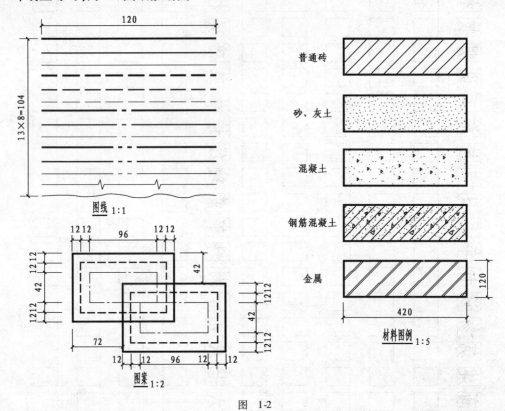

图 1-2

训练要求：

（1）用 A3 图纸按比例绘制图样。

（2）分出线型和粗细，并加深。

3）根据建筑形体投影图制作模型

（1）基本体模型制作（二选一）

①棱柱体（图 1-3）

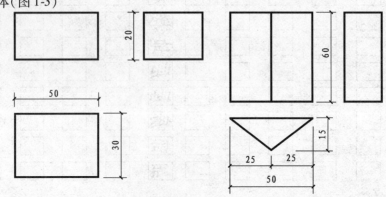

图 1-3

14

②锥体(图1-4)

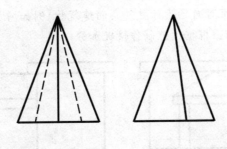

五边形底边长20mm,高40mm

图　1-4

(2)组合体模型制作(图1-5,可四选一,没有尺寸的可由图形直接量取,按一定比例制作)

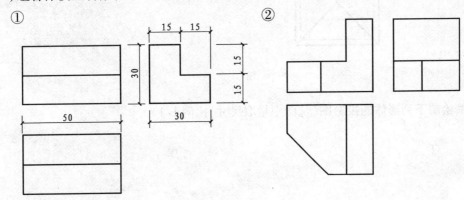

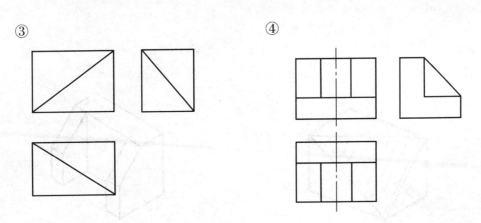

图　1-5

(3)建筑形体模型制作(从图1-6中量取尺寸,自定比例)

注:在此建筑形体基础上可自己设计更复杂的建筑物,例如增加门窗、改造屋顶等,评分在现有建筑形体模型要求基础上根据设计制作情况加分。

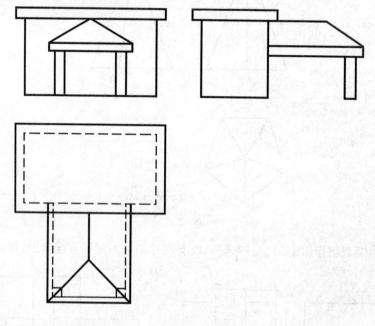

图 1-6

4)请绘制下列形体的投影图(从图中量取尺寸,比例1:1)

①   ②

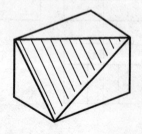   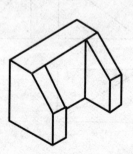

③

④

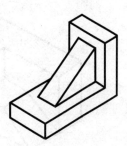

⑤

⑥

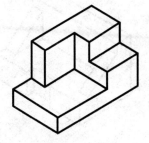

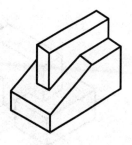

⑦

⑧

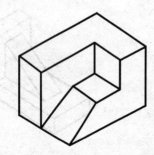

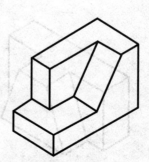

⑨

⑩

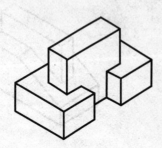

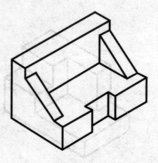

⑪ ⑫

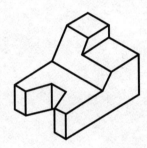 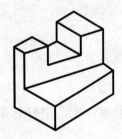

5)尺寸标注

(1)对下面梁的断面图、基础断面图、建筑平面图进行尺寸标注

① ②

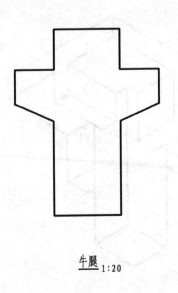

牛腿 1:20

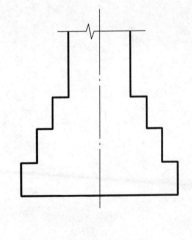

基础 1:20

③

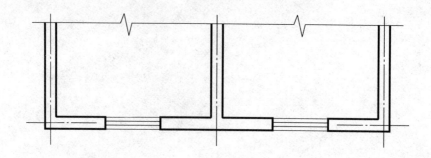

平面图 1:100

（2）绘制组合体的三视图，并标注尺寸

6)识图训练

(1)根据物体的轴测投影图找到相对应的三面正投影图,并在三面正投影图下面的括号里写出对应的字母

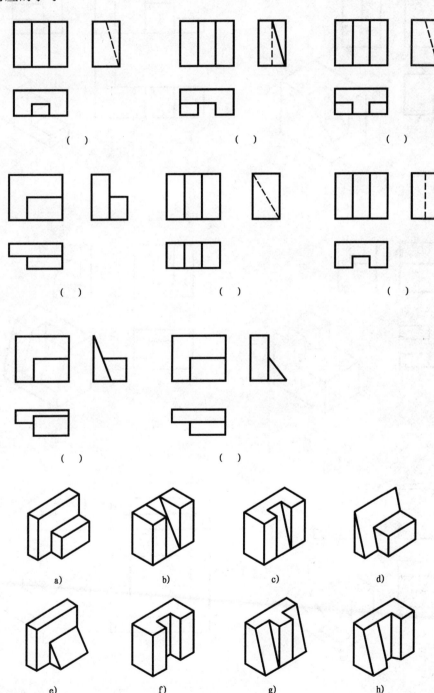

（2）根据每幅图右下角的轴测图找出形体三面投影的错误之处并改正（在多余的图线上打×）

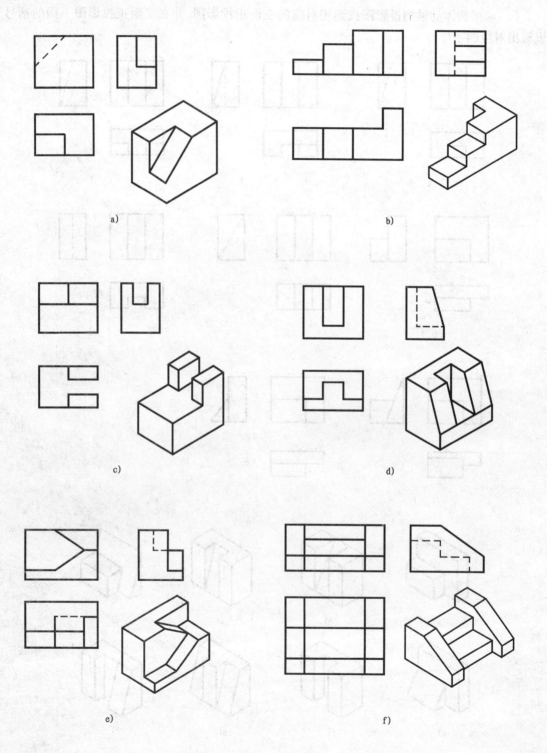

a)

b)

c)

d)

e)

f)

（3）根据形体的两个投影，选择正确的第三投影（在正确投影下方打√）

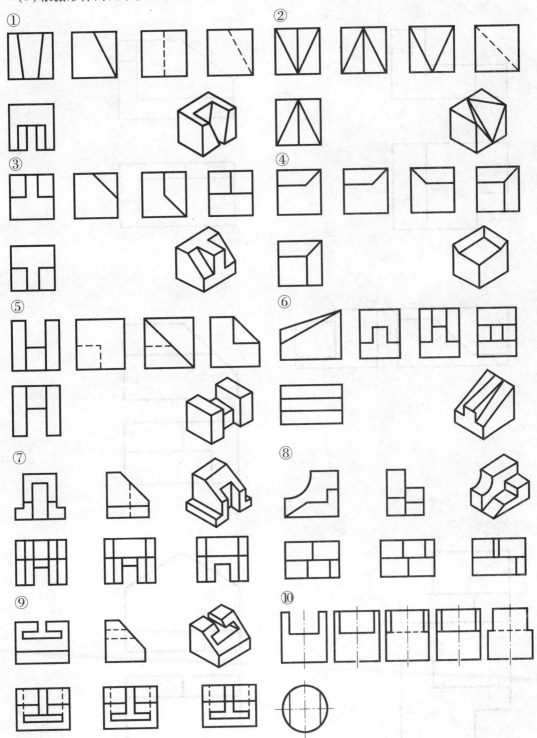

（4）根据所给的投影图补图或补线（已有三面投影），绘制轴测图（轴测图类型自选）

①

②
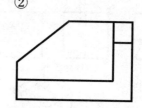
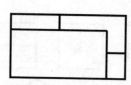

③ ④
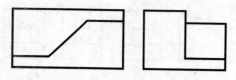
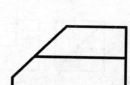
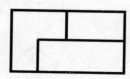

⑤ ⑥
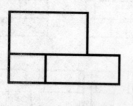
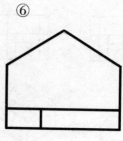
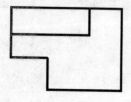
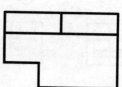

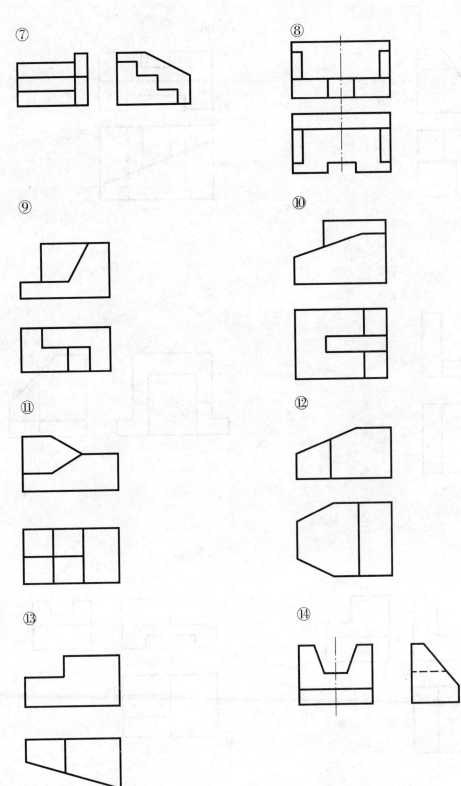

⑮

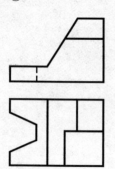

⑯

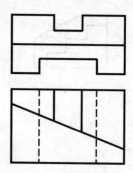

⑰

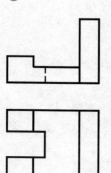

⑱

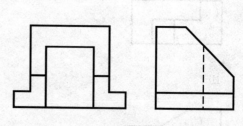

⑲

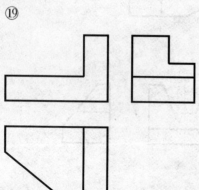

⑳

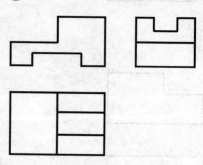

7)形体剖、断面图绘图

(1)绘制指定剖切符号位置的各剖面图,并标注图名

①可直接在原有投影图中修改绘制

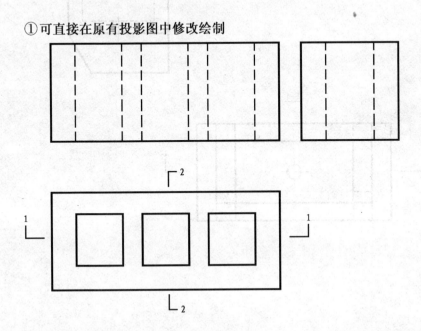

②绘制2-2剖面图

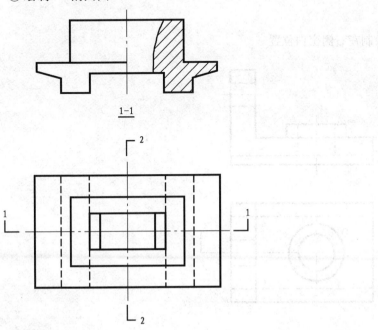

③

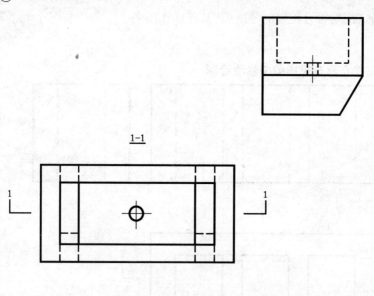

1-1

④请绘制在右侧空白位置

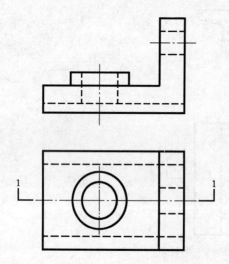

（2）绘建筑物形体的2-2剖面图,门洞上方有连成一体的过梁和雨篷,材料为钢筋混凝土,墙身与台阶材料为普通砖(雨篷伸出墙面的宽度与进门口平台伸出墙面的宽度相同)

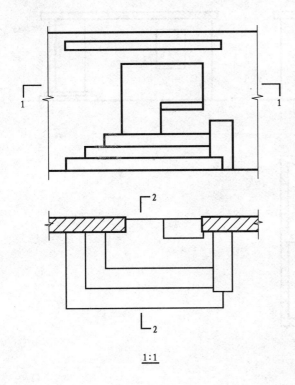

1:1

（3）作出校门建筑模型的1-1剖面图,材料为钢筋混凝土

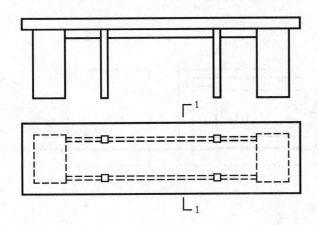

（4）作出某单层建筑的 1-1 剖面图

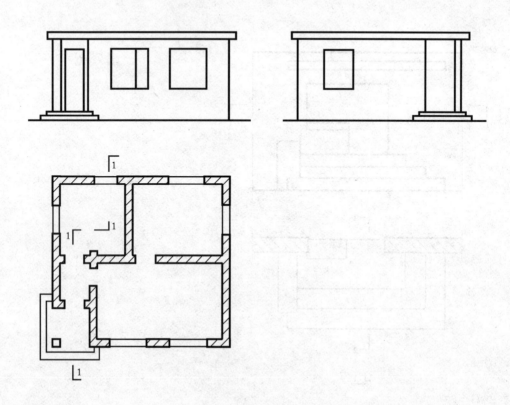

（5）绘制形体的断面图

①

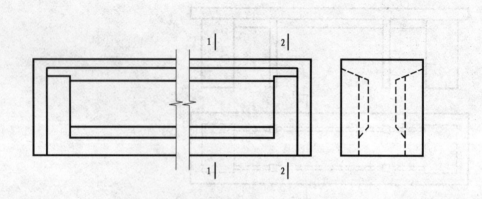

②

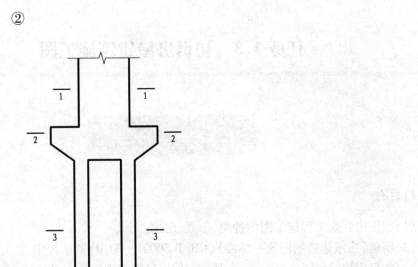

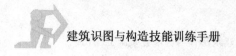

任务 1.3　初识房屋建筑施工图

1.3.1　任务书

1)目的

(1)能说出建筑工程施工图的种类、形成、用途。

(2)明确《房屋建筑制图统一标准》(GB/T 50001—2010)基本规定。

(3)能根据建筑制图统一标准,为某住宅的底层平面图标注与补绘。

2)内容与要求

【内容】能根据《房屋建筑制图统一标准》(GB/T 50001—2010),为某住宅的底层平面图标注与补绘。

【要求】根据《房屋建筑制图统一标准》(GB/T 50001—2010)标注,独立完成图纸补绘与识图报告。

3)应交成果

(1)直接在本手册中补绘或另绘 A3 图纸。

(2)完成本手册中相关问答。

4)时间要求

课内 + 课后完成。

5)成绩评定办法

成绩评定:技能考核过程评价与成果评价结合,由学生自我评价、小组组长评价(小组成员互评)、教师评价按比例评分确定总成绩,各类评价对象的考核内容详见附表"《建筑识图与构造》技能考核:项目/任务考核评分参考表"。

识图报告成果部分评定标准:按识图报告内容的全面性与正确性进行评价。

1.3.2　指导书

1）目的

（1）能说出建筑工程施工图的种类、形成、用途。

（2）明确《房屋建筑制图统一标准》（GB/T 50001—2010）基本规定。

（3）能根据建筑制图统一标准，为某住宅的底层平面图标注与补绘。

2）内容与要求

【内容】能根据《房屋建筑制图统一标准》（GB/T 50001—2010），为某住宅的底层平面图标注与补绘。

【要求】根据《房屋建筑制图统一标准》（GB/T 50001—2010）规范标注，独立完成图纸补绘与识图报告。

3）指导

看建筑施工图概述部分的内容，重点参看房屋建筑工程图的有关规定部分。参看教材基本制图标准部分。对照住宅楼底层平面图及项目报告单中的题目要求，逐项完成各标注，报告单中有空格的填在空格中，其余均标注在平面图中。

（1）定位轴线用细实线圆表示，直径8～10mm，横向编号用数字，从左往右顺序编写，纵向编号用字母，从下往上顺序编写。

（2）细线绘制的标高符号，用3mm左右高的等腰直角三角形表示，数字单位m，小数点后保留3位小数，总平面图室外绝对标高符号涂黑，小数点后保留2位，多层标高数字叠加标注。

（3）指北针符号用细实线圆，直径24mm，尾部宽度约3mm，箭头一侧写"北"或"N"字。

（4）风向频率玫瑰图可查阅当时气象资料，也可以自行设计。

（5）标注尺寸可以参看图纸中已有标注的其他尺寸。

（6）先确定哪些为墙体线，直接在图中用铅笔加粗。

（7）详图索引符号用细实线圆，直径10mm，分子表示详图编号，分母表示详图所在的图纸编号，详图符号用粗实线圆，直径14mm，分子表示详图编号，分母表示被索引的图纸编号。

4）成果要求

本手册中平面图补绘或另绘A3图纸，完成本手册中相关问答。

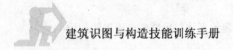

1.3.3　技 能 训 练

班级＿＿＿＿＿＿姓名＿＿＿＿＿＿学号＿＿＿＿＿＿自评＿＿＿＿＿＿互评＿＿＿＿＿＿师评＿＿＿＿＿＿

1）根据《房屋建筑制图统一标准》（GB/T 50001—2010），为某住宅的底层平面图标注与补绘

如图 1-7 所示为某住宅的首层平面图，已知客厅的地面标高为 ±0.000m，厨房的地面比客厅地面低 300mm，室内外高差为 450mm，作图比例为 1:100，完成下列各题。

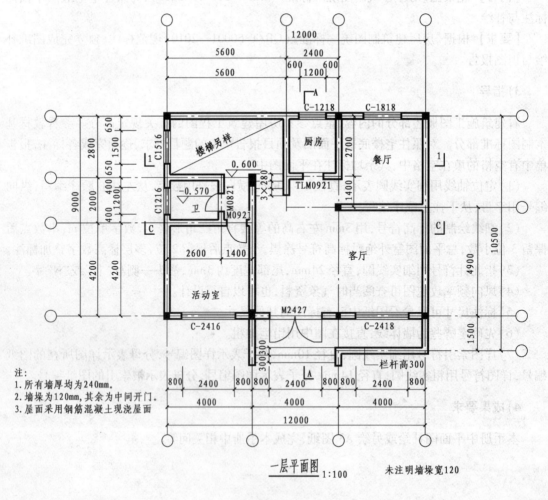

一层平面图 1:100　　　　未注明墙垛宽120

图 1-7

注:
1. 所有墙厚均为240mm。
2. 墙垛为120mm，其余为中间开门。
3. 屋面采用钢筋混凝土现浇屋面

（1）标注出一层平面图定位轴线编号。

（2）若要在Ⓐ轴线前附加一根定位轴线、在③轴线后附加一根定位轴线,则其轴线编号可分别表示为:＿＿＿＿＿＿、＿＿＿＿＿＿。

（3）已知餐厅的开间和进深分别为4000mm和4100mm,请在图中标出餐厅的开间和进深;已知餐厅窗户C-1818的宽度为1800mm,位置居中,请在图中标注相关尺寸。

（4）已知本图上北下南,请标注出指北针的符号。并在图的旁边再绘制一个风向频率玫瑰图(可自行设计风向频率)。

（5）请标注室内客厅、厨房及室外地坪处标高。

（6）请找出图纸粗细不正确之处,打×号。

（7）请绘制建筑总平面图的室外地坪标高符号:＿＿＿＿＿＿。

（8）请标注一个多层标高符号:某建筑物二、三、四层的标高分别为3.000m、6.000m、9.000m,则其在同一位置的标高可标注为:＿＿＿＿＿＿。

（9）图中台阶部位若需另绘制一个1号详图表示,此详图绘制在建施06图纸上,请标注出此详图索引符号为:＿＿＿＿＿＿。若此图号为建施02,则出现在建施06图中的详图符号为:＿＿＿＿＿＿。

参考资料:①教材附录;②《房屋建筑制图统一标准》(GB/T 50001—2010)。

2）在图1-8上,标注横向和纵向各定位轴线

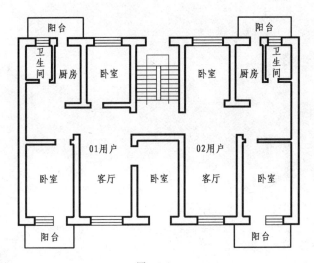

图 1-8

项目2　建筑节点构造识图

任务2.1　识读地下室防水防潮构造图

任务2.2　识读墙身构造图

任务2.3　识读楼地层构造图

任务2.4　识读楼梯构造图

任务2.5　识读屋顶构造图

任务2.1 识读地下室防水防潮构造图

子任务 **1. 绘制基础断面图**
2. 抄绘地下室防水防潮构造图

2.1.1 任 务 书

1)目的

(1)认识常见建筑基础类型及构造组成。
(2)掌握地下室常见防水防潮构造做法。

2)内容与要求

(1)绘制基础断面图。在教师的指导下到施工现场或1:1仿真建筑模型认识常见基础类型及做法;选一基础量取基础尺寸绘制基础断面图,要求按断面图制图要求绘制基础断面图并标注尺寸、明确材料、做法等。

(2)抄绘建筑地下室防水构造图。识读建筑地下室防水构造图,按构造要求抄绘地下室防水构造图。

3)应交成果

A3图纸一张,内容包括基础断面图和地下室防水构造图。

4)时间要求

课内+课后完成。

5)成绩评定办法

成绩评定:技能考核过程评价与成果评价结合,由学生自我评价、小组组长评价(小组成员互评)、教师评价按比例评分确定总成绩,各类评价对象的考核内容详见附表"《建筑识图与构造》技能考核:项目/任务考核评分参考表"。

成果评定标准:

90~100分:绘图内容齐全,建筑构造合理,标注说明齐全,符合剖面图制图标准,图面工整,整套图纸无明显错误。

80~90 分:根据上述标准有一般性小错误,图面基本工整,线型符合制图标准。

70~80 分:根据上述标准,内容表达基本齐全,线型粗细不明,图面表现一般。

60~70 分:根据上述标准,内容表达基本齐全但准确度一般,图面整体表现一般。

60 分以下:根据上述标准,图示内容表达不全,图面表现较差。

2.1.2　指 导 书

1）目的

（1）认识常见建筑基础构造组成。

（2）掌握地下室常见防水防潮构造做法。

2）内容与要求

（1）绘制基础断面图。在教师的指导下到施工现场或1∶1仿真建筑模型认识常见基础类型及做法；选一基础量取基础尺寸绘制基础断面图，要求按断面图制图要求绘制基础断面图并标注尺寸，明确材料、做法等。

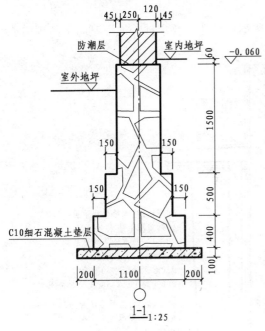

图2-1　基础断面图参考例图

（2）抄绘建筑地下室防水构造图。识读建筑地下室防水构造图，按构造要求抄绘地下室防水构造图。

（3）比例可按实物具体情况选择，如1∶20。

3）绘图指导

（1）到施工现场或按1∶1仿真建筑模型，选某一基础，仔细了解材料、做法，量取各部分尺寸，绘制基础草图。

（2）参考所给基础断面图（如条形基础），合理布图，根据测绘基础尺寸，按照合适比例和剖、断面图绘图标准绘制基础断面图，如图 2-1所示。

（3）识读地下室防水构造图，明确地下室防水构造做法，在读懂地下室防水构造做法的基础上按照绘图规范绘制地下室防水构造图。

（4）注意常见断面图案图例的画法，建筑构造断面图绘图的线型要求。

4）绘图成果

A3 图纸：将基础断面图和地下室防水构造图绘制在 A3 图纸上，要求合理布图，线型规范、粗细分明、线条均匀、布图合理。

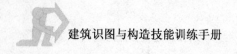

2.1.3 技能训练

班级_____ 姓名_____ 学号_____ 自评_____ 互评_____ 师评_____

1）用 A3 图纸绘制基础和地下室防水防潮构造图

（1）根据施工现场基础测绘或 1:1 仿真建筑模型，量取尺寸绘制基础断面图，要求按断面图制图要求绘制基础断面图并标注尺寸、材料图例、做法说明等。

（2）抄绘地下室防水防潮构造图

任务要求：根据所给地下室防水防潮构造图，按图示尺寸和要求抄绘地下室防水防潮构造图，构造图如图 2-2 所示。

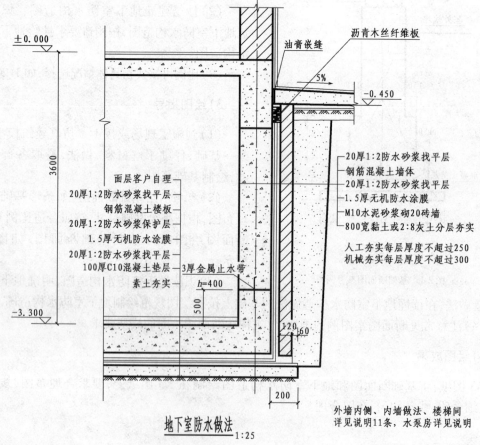

地下室防水做法
1:25

图 2-2

42

2)复习思考题

(1)基础按所用材料及受力特点可分为_____和_____两大类。

(2)基础按其构造特点可分为单独基础、_____基础、_____基础、_____基础及桩基础等几种类型。

(3)_____是建筑地面以下的承重构件,是建筑物埋在地下的扩大部分,它承受建筑物的全部荷载并将它们传给_____。

(4)_____则是承受由基础传下的荷载的土层。直接承受建筑荷载的土层为_____。

(5)基础埋深是指从室外设计地面至_____的垂直深度。

(6)属于柔性基础的是_____(钢筋混凝土基础、毛石基础、素混凝土基础、砖基础)。

(7)地基分为_____和_____。

(8)地基土质均匀时,基础应尽量_____,但最小埋深不小于_____。

(9)当地基土有冻胀现象时,基础埋深在冰冻线以下约_____处。

(10)基础埋深不超过_____时称为浅基础。

(11)直接承受建筑物荷载的土层为_____,其以下土层为_____。

(12)当埋深大于原有建筑物时,基础间的净距一般应为_____的1~2倍。

(13)为保护基础,基础埋深的最小深度应为_____。

(14)由于地下室的墙身、底板埋于地下,长期受地潮和地下水的侵蚀,因此地下室构造设计的主要任务是_____和_____。

(15)地下室砖墙须做防潮处理,墙体必须采用_____砂浆砌筑,灰缝应饱满,墙身外侧设_____。

(16)按防水材料的铺贴位置不同,地下室防水分_____和_____两类,其中_____防水是将防水材料贴在迎水面。

(17)地基与基础的关系如何?

(18)影响基础埋深的因素有哪些?

(19)基础按构造形式不同分为哪几种?各自的适用范围如何?

（20）地下室由哪些部分组成？

（21）确定地下室防潮和防水的依据是什么？

（22）当地下室的底板和墙体采用钢筋混凝土结构时,可采取什么措施提高防水性能？

（23）什么是刚性基础、柔性基础？

（24）用图示例基础的埋深。

（25）用图示例地下室防潮的构造做法（仅绘出构造各层次即可）。

（26）用图示例地下室防水的做法（仅绘出构造各层次即可）。

（27）某住宅楼（无地下室）,竣工后发现某单元一楼室内地坪开裂,室外散水坡出现开裂、空鼓和下沉现象。根据所学知识并查阅相关资料,试分析其原因。

任务 2.2　识读墙身构造图

2.2.1　任务书

1）目的

（1）了解建筑墙身构造组成及名称。

（2）掌握墙身细部构造做法及图示方法。

2）内容与要求

（1）熟悉墙体细部构造。

（2）识读并绘制建筑墙身构造图。测绘实物建筑或 1:1 仿真建筑模型的墙身各节点构造，绘制墙身节点详图；或绘制教材附图"建施 18"墙身详图，或绘制本手册所给参考墙身详图。

3）应交成果

A3 图纸，内容墙身构造图：墙脚节点、窗台、窗顶节点、檐口节点图等。

4）时间要求

课内 + 课后完成。

5）成绩评定办法

成绩评定：技能考核过程评价与成果评价结合，由学生自我评价、小组组长评价（小组成员互评）、教师评价按比例评分确定总成绩，各类评价对象的考核内容详见附表《建筑识图与构造》技能考核：项目/任务考核评分参考表"。

教材成果评定标准：

90 ~ 100 分：绘图内容齐全，建筑构造合理，标注说明齐全，符合剖面图制图标准，图面工整，图纸无明显错误。

80 ~ 90 分：根据上述标准有一般性小错误，图面基本工整，线型符合制图标准。

70 ~ 80 分：根据上述标准，内容表达基本齐全，线型粗细不明，图面表现一般。

60 ~ 70 分：根据上述标准，内容表达基本齐全但准确度一般，图面整体表现一般。

60 分以下：根据上述标准，图示内容表达不全，图面表现较差。

2.2.2 指 导 书

1）目的

（1）了解建筑墙身构造组成及名称。

（2）掌握墙身细部构造做法及图示方法。

2）内容与要求

（1）熟悉墙体细部构造。

（2）识读并绘制建筑墙身构造图。测绘实物建筑或 1:1 仿真建筑模型的墙身各节点构造，绘制墙身节点详图；或绘制教材附录"建施 18"墙身详图，或绘制本手册所给参考墙身详图。

3）绘图指导

（1）识读墙身构造图，讲解常见构造做法。

（2）示范详图绘图方法，按图示比例和墙身详图绘图要求讲解绘图要求及详图内容指导。讲解多个详图合理布图要求。

4）成果要求

（1）A3 图纸一张，内容为墙身构造图：墙脚节点、窗台、窗顶节点、檐口节点图等。

（2）布图合理，线型符合墙身详图图示要求，内容表达准确，图面干净清楚。

2.2.3　技 能 训 练

班级_____姓名_____学号_____自评_____互评_____师评_____

1)测绘墙身节点详图或抄绘墙身构造图(A3 图纸)

墙身详图参考图如图2-3 所示。

2)复习思考题

(1)墙体按其受力状况不同,分为_____和_____两种,其中_____包括自承重墙、隔墙,填充墙等。

(2)我国标准黏土砖的规格为_____。

(3)墙体按其构造及施工方式的不同有_____、_____和组合墙等。

(4)当墙身两侧室内地面标高有高差时,为避免墙身受潮,常在室内地面处设_____,并在靠土的垂直墙面设_____。

(5)散水的宽度一般为_____。

(6)常用的过梁构造形式有_____、_____和_____三种。

(7)钢筋混凝土圈梁的宽度宜与_____相同,高度不小于_____。

(8)构造柱与墙连接处宜砌成马牙槎,并应沿墙高每隔_____ mm 设_____拉结钢筋,每边伸入墙内不宜小于_____ m。

(9)窗台应向外线形成一定坡度,要求坡度大于_____。

(10)散水宽度一般为 600~1000mm,并应设不小于_____的排水坡度。

(11)明沟沟底应做纵坡,坡度为_____,坡向排污口。

(12)砌筑砖墙时,必须保证上下皮砖缝_____、_____、内外搭接,避免形成通缝。

(13)变形缝包括_____、_____和_____。

(14)18 墙、37 墙的实际厚度为_____ mm 和_____ mm。

(15)钢筋混凝土圈梁的高度一般不小于_____ mm,高度一般不小于_____ mm,配筋一般为_____。

(16)砖墙中构造柱的最小尺寸为_____ mm × _____ mm,配筋一般为_____。

(17)实体砖墙的组砌方式主要有哪几种?

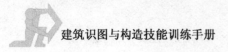

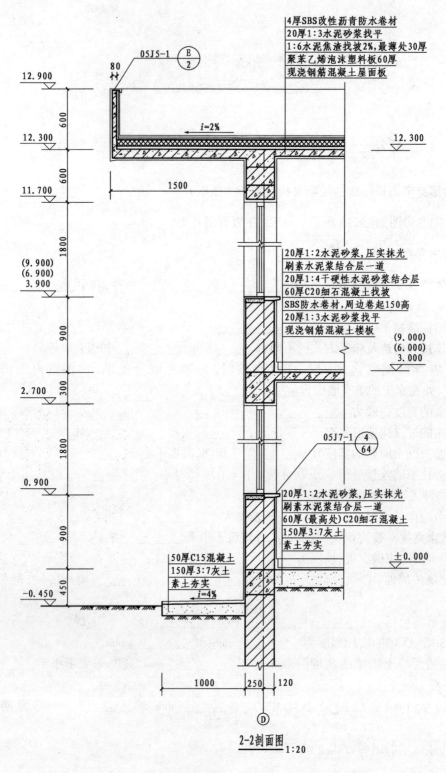

4厚SBS改性沥青防水卷材
20厚1:3水泥砂浆找平
1:6水泥焦渣找坡2%,最薄处30厚
聚苯乙烯泡沫塑料板60厚
现浇钢筋混凝土屋面板

05J5-1 E/2

12.900

80

600

12.300

600

i=2%

11.700

1500

1800

20厚1:2水泥砂浆,压实抹光
刷素水泥浆结合层一道
20厚1:4干硬性水泥砂浆结合层
60厚C20细石混凝土找坡
SBS防水卷材,周边卷起150高
20厚1:3水泥砂浆找平
现浇钢筋混凝土楼板

(9.900)
(6.900)
3.900

900

(9.000)
(6.000)
3.000

2.700

300

1800

05J7-1 4/64

0.900

20厚1:2水泥砂浆,压实抹光
刷素水泥浆结合层一道
60厚(最高处)C20细石混凝土
150厚3:7灰土
素土夯实

900

50厚C15混凝土
150厚3:7灰土
素土夯实
i=4%

±0.000

-0.450

450

1000   250   120

D

2-2剖面图
1:20

图　2-3

(18)如何确定水平防潮层的位置？

(19)勒脚的作用是什么？常用的材料做法有哪几种？

(20)墙面装修按材料和施工工艺不同主要有哪几类？

(21)砖混结构的抗震构造措施主要有哪些？

(22)构造柱的作用和设置要求是什么？

(23)简述墙体的组砌原则。

(24)试述散水和明沟的作用和一般做法。

(25)用图示例水平防潮层的材料做法。

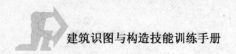

(26)用图示例贴面类墙面装修构造层次及材料做法。

(27)用图示例圈梁遇洞口需断开时,其附加圈梁与原圈梁间的搭接关系。

任务2.3 识读楼地层构造图

子任务 1.绘制楼地层构造图
2.绘制阳台、雨篷构造图

2.3.1 任 务 书

1)目的

(1)了解建筑楼地层、阳台和雨篷构造组成。
(2)掌握楼地层细部构造做法及图示方法。
(3)掌握阳台、雨篷防水构造图。

2)内容与要求

(1)掌握楼地层构造做法。
(2)识读并绘制楼地层构造做法。测绘实物建筑或1:1仿真建筑模型的楼地层构造做法,或分别设计教学楼普通地面、楼面及卫生间楼面的构造图。
(3)测绘学生宿舍楼阳台(雨篷)构造图。

3)应交成果

A3图纸一张,内容:教学楼地层及楼层构造图、楼层防水构造图。

4)时间要求

课内+课后完成。

5)成绩评定办法

成绩评定:技能考核过程评价与成果评价结合,由学生自我评价、小组组长评价(小组成员互评)、教师评价按比例评分确定总成绩,各类评价对象的考核内容详见附表"《建筑识图与构造》技能考核:项目/任务考核评分参考表"。

成果评定标准:

90~100分:绘图内容齐全,建筑构造合理,标注说明齐全,符合多层剖面图制图标准,图面工整,整张图纸无明显错误。

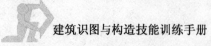

80～90分:根据上述标准有一般性小错误,图面基本工整,线型符合制图标准。

70～80分:根据上述标准,内容表达基本齐全,线型粗细不明,图面表现一般。

60～70分:根据上述标准,内容表达基本齐全但准确度一般,图面整体表现一般。

60分以下:根据上述标准,图示内容表达不全,图面表现较差。

2.3.2 指 导 书

1）目的

（1）了解建筑楼地层、阳台和雨篷构造组成。

（2）掌握楼地层细部构造做法及图示方法。

（3）掌握阳台、雨篷防水构造图。

2）内容与要求

（1）掌握楼地层构造做法。

（2）识读并绘制楼地层构造做法。测绘实物建筑或1:1仿真建筑模型的楼地层构造做法，或分别设计教学楼普通地面、楼面及卫生间楼面的构造图。

（3）测绘学生宿舍楼阳台（雨篷）构造图，按比例绘制雨篷防水构造剖面图。

3）绘图指导

（1）讲解并图示教学楼楼地层各部分构造，识读图纸，按比例和图示要求抄绘楼地层构造图，注意不同的断面材料图例表达。

（2）识读雨篷构造图，明确构造做法和组成，按比例和剖、断面图示要求抄绘雨篷构造图。

（3）合理布图。

4）成果要求

（1）A3图纸，内容为：地层及楼层构造图、楼层防水构造图、雨篷构造图。符合楼地层构造要求，图例正确，图线符合规范要求。

（2）图示线型和断面材料图案图例符合规范标准，布图合理，图示内容准确清晰。

2.3.3 技能训练

班级_____ 姓名_____ 学号_____ 自评_____ 互评_____ 师评_____

1) 绘楼地层构造图(要求:参考图2-4,绘制教学楼楼地层及卫生间构造图。要求符合楼地层构造要求,图例正确,图线符合制图标准准要求)

教学楼卫生间防水构造 1:10
- 10厚300×300防滑面砖干水泥擦缝
- 20厚1:3干硬性水泥砂浆结合层表面撒水泥粉
- 20厚1:2水泥砂浆找平层
- SBS防水卷材
- 刷冷底子油一道
- 20厚1:2水泥砂浆找平层
- 100厚钢筋混凝土楼板
- 悬挂式顶棚

教学楼屋面及顶棚构造 1:10
- 20厚600×600大理石地面干水泥擦缝
- 20厚1:3干硬性水泥砂浆结合层表面撒水泥粉
- 20厚1:2水泥砂浆找平层(内掺建筑胶)
- 100厚钢筋混凝土楼板
- 刷素水泥浆一道
- 10厚1:3水泥砂浆找平层
- 3厚麻刀灰面层
- 喷刷涂料

教学楼地面构造 1:10
- 20厚600×600大理石地面干水泥擦缝
- 20厚1:3干硬性水泥砂浆结合层表面撒水泥粉
- 20厚1:2水泥砂浆找平层(内掺建筑胶)
- 80厚C10混凝土垫层
- 素土夯实

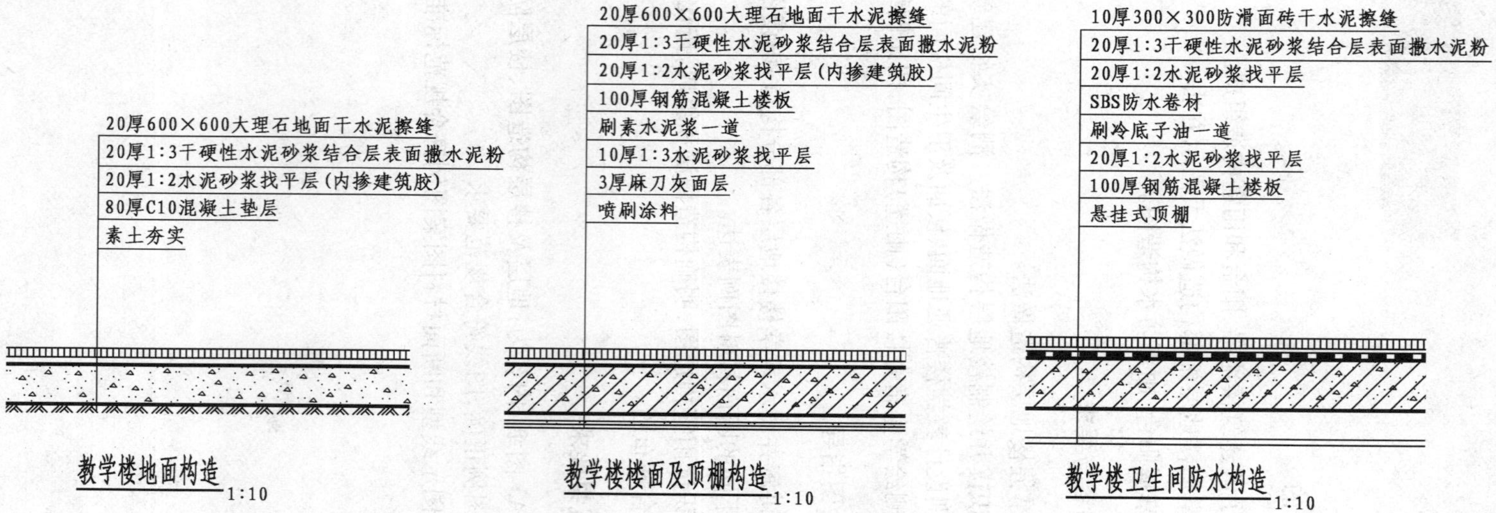

图 2-4

2)测绘学生宿舍楼阳台(雨篷)构造图

3)复习思考题

(1)楼板层主要由三部分组成:_____、_____、_____。
楼板按所用材料不同可分为_____、_____、_____等多种
类型。

(2)钢筋混凝土楼板按其施工方法不同可分为_____、_____和装配整体式。

(3)现浇混凝土楼板按受力和传力情况可分为_____、_____、_____、
_____、_____等几种类型。

(4)常用的预制钢筋混凝土楼板,根据其截面形式可分为_____、_____、
_____。

(5)压型钢板组合楼板有_____、_____、_____三部分组成。

(6)地面通常是指底层地坪,主要由_____、_____和_____三部分组成。

(7)地面根据面层所用的材料及施工方法的不同,常用可分为_____、_____、
_____等四大类型。

(8)踢脚板的高度为_____,所用材料一般与_____一致。

(9)顶棚按构造形式不同有_____和_____两种类型。

(10)吊顶一般由_____和_____两部分组成。

(11)阳台按其与外墙的位置关系可分为_____、_____和_____等三种类
型,按功能不同可分为_____和_____。

(12)凸阳台承重方案一般可分为_____和_____两种类型,阳台挑梁压在墙中
的长度应_____挑出长度。

(13)栏杆的高度一般不宜_____,高层建筑不应低于_____,但不宜超过
_____,阳台栏杆的垂直杆件间净距不应大于_____mm。

(14)阳台按使用要求不同可分为_____、_____。阳台外排水是在阳台外侧设
置泄水管将水排出,其外挑长度不少于_____。

(15)有水房间为防止房间四周墙脚受水,应将防水层沿周边向上泛起,防水层遇到门洞
时应将其向外延伸_____mm。为防止积水外溢,有水房间地面应比相邻无水房间地面
低_____mm。

(16)板式楼板有单向板与双向板之分,当板长边比短边大_____倍称为单向板。

(17)吊顶的吊筋是连接_____与_____的承重构件。

(18)简述雨篷的作用及分类。

(19)雨篷在构造上需解决哪些问题?

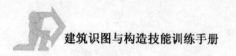

(20)简述楼板的组成及其作用,并绘制构造图。

(21)楼板的设计要求都有哪些?

(22)提高楼板隔声能力的措施有哪几种?

(23)简述地面的组成及其作用,并绘制构造图。

(24)地面的设计要求有哪些?

(25)现浇钢筋混凝土楼板的特点和适用范围是什么?

(26)简述实铺木地面的构造要点,并绘制构造图。

任务2.4　识读楼梯构造图

子任务　**1.** 认识楼梯、明确楼梯的组成

　　　　　2. 楼梯详图识读

　　　　　3. 楼梯设计

2.4.1　任务书

1. 认识楼梯、明确楼梯的组成

1）目的

（1）能说出楼梯的组成。

（2）能说出楼梯各部分的尺度要求。

2）内容与要求

（1）测绘实物建筑楼梯，明确楼梯组成。

（2）根据楼梯测绘结果，补充完成楼梯平面图与剖面图，补充的尺寸应符合建筑模数（包括开间、进深、平台宽度、踏步高度、踏步宽度、梯段水平投影长度、标高等）。

（3）标注踏步宽度、踏步高度时运用等式标注法。

3）应交成果

楼梯测绘报告。

4）时间要求

课内＋课后完成。

5）成绩评定办法

成绩评定：技能考核过程评价与成果评价结合，由学生自我评价、小组组长评价（小组成员互评）、教师评价按比例评分确定总成绩，各类评价对象的考核内容详见附表"《建筑识图与构造》技能考核：项目/任务考核评分参考表"。教师对测绘报告成果评定标准：按报告内容的全面性与正确性进行评价。

2.楼梯详图识读

1)目的

(1)能识读楼梯详图。

(2)能查阅相关资料。

(3)能团队合作。

2)内容与要求

识图教材附录中的楼梯详图及本任务所附楼梯详图,撰写楼梯详图识图报告(提示:识图楼梯平面图、剖面图与楼梯节点详图,内容包括楼梯类型,结构形式,各组成部分的材料、尺寸,各楼梯及平台标高,踏步栏杆等的装修做法)。

3)应交成果

楼梯识图报告。

4)时间要求

课内+课后完成。

5)成绩评定办法

成绩评定:技能考核过程评价与成果评价结合,由学生自我评价、小组组长评价(小组成员互评)、教师评价按比例评分确定总成绩,各类评价对象的考核内容详见附表"《建筑识图与构造》技能考核:项目/任务考核评分参考表"。批阅评分:每空2分。

3.楼梯设计

1)目的

(1)能设计楼梯。

(2)能团队合作。

(3)能查阅相关资料。

(4)能进一步识读楼梯详图。

2)内容与要求

(1)已知条件

①某三层公共建筑楼梯,每层层高3600mm,楼梯开间3000mm,进深6600mm,室内外高差450mm,楼梯间墙厚均为240mm,楼梯平台下不做出入口,试设计一封闭式楼梯。

②楼梯的结构形式为现浇钢筋混凝土楼梯,楼梯形式为双跑梯,其余未说明内容自定。

③楼梯间四面墙体均可做承重墙。

（2）要求

绘 A3 图纸一张,比例1:50,绘制出底层平面图、二层平面图、顶层平面图及楼梯剖面图。

3）应交成果

楼梯详图（A3 图纸）。

4）时间要求

课内＋课后完成。

5）成绩评定办法

成绩评定:技能考核过程评价与成果评价结合,由学生自我评价、小组组长评价（小组成员互评）、教师评价按比例评分确定总成绩,各类评价对象的考核内容详见附表"《建筑识图与构造》技能考核:项目/任务考核评分参考表"。

成果评定标准:

90～100 分:绘图内容齐全,建筑构造合理,标注说明齐全,符合剖面图制图标准,图面工整,整套图纸无明显错误。

80～90 分:根据上述标准有一般性小错误,图面基本工整,线型符合制图标准。

70～80 分:根据上述标准,内容表达基本齐全,线型粗细不明,图面表现一般。

60～70 分:根据上述标准,内容表达基本齐全但准确度一般,图面整体表现一般。

60 分以下:根据上述标准,图示内容表达不全,图面表现较差。

教师对识图报告成果部分评定标准:按识图报告内容的全面性与正确性进行评价。

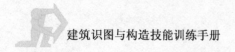

2.4.2 指 导 书

1. 认识楼梯、明确楼梯的组成

1）目的

（1）能说出楼梯的组成。
（2）能说出楼梯各部分的尺度要求。

2）内容与要求

（1）测绘实物建筑楼梯，明确楼梯组成。
（2）根据楼梯测绘结果，补充完成楼梯平面图与剖面图，补充的尺寸应符合建筑模数（包括开间、进深、平台宽度、踏步高度、踏步宽度、梯段水平投影长度、标高等）。
（3）标注踏步宽度、踏步高度时运用等式标注法。

3）指导

（1）根据所学知识，到实训楼现场分组测量出楼梯的所有数据。
（2）原则上8人一组，小组长分工测量楼梯间各细部尺寸，完成相应报告。
（3）测量过程小组合作讨论完成，小组长分工，人人动手。
（4）有不明确的地方可以要求再到实训楼现场观察。
（5）要求成果图样正确，尺寸完整。

2. 楼梯详图识读

1）目的

（1）能识读楼梯详图。
（2）能查阅相关资料。
（3）能团队合作。

2）内容与要求

识图教材附图中的楼梯详图及本任务所附楼梯详图，撰写楼梯详图识图报告（提示：识图楼梯平面图、剖面图与楼梯节点详图，内容包括楼梯类型，结构形式，各组成部分的材料、尺寸，各楼梯及平台标高，踏步栏杆等的装修做法）。

3）指导

（1）整体识图，了解楼梯概况。

（2）顺序识图，并对照其他图样识图。

（3）对照平面图的读图方法写识图报告。

（4）对照剖面图的读图方法写识图报告。

（5）对照详图的读图方法写识图报告。

（6）整理识图报告。

注意事项：

（1）读图应注意整体性，不能孤立看图。

（2）读图应该全面，仔细地看，不要遗漏，特别是细部尺寸。

（3）识图报告表达清楚，尽量避免出现语法错误。

3. 楼梯设计

1）目的

（1）能设计楼梯。

（2）能团队合作。

（3）能查阅相关资料。

（4）能进一步识读楼梯详图。

2）内容与要求

（1）已知条件

①某三层公共建筑楼梯，每层层高3600mm，楼梯开间3000mm，进深6600mm，室内外高差450mm，楼梯间墙厚均为240mm，楼梯平台下不做出入口，试设计一封闭式楼梯。

②楼梯的结构形式为现浇钢筋混凝土楼梯，楼梯形式为双跑梯，栏杆扶手的样式、材料及尺寸等自定。

③楼梯间四面墙体均可做承重墙。绘A3号图纸一张，用铅笔完成。

（2）要求

①比例1:50，绘制出底层平面图、二层平面图、顶层平面图及楼梯剖面图。

②楼梯间平面图

a. 以层间平台为基准，标出楼梯上、下指示线。

b. 在楼梯间底层平面图上标注剖切线及编号。注意剖切位置和剖切方向，应该向有梯段的方向看，并剖到楼梯间外墙。

c. 各平面图标注尺寸

进深方向三道尺寸线

第一道，平台净宽及梯段长；

第二道，楼梯间净长；

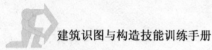

第三道,楼梯间轴线尺寸及轴线编号(轴线编号可暂空)。

开间方向三道尺寸线:

第一道,梯段净宽及梯段宽;

第二道,楼梯间净宽;

第三道,楼梯间轴线尺寸及轴线编号(轴线编号可暂空)。

③楼梯间剖面图。比例1∶50,楼梯间剖面应画出底层、中间层、顶层的梯段,顶层栏杆以上可以用折断线切断,剖面图应按照平面图上的剖切线方向绘制。具体要求:

a. 按比例画出踏步断面形式、梯梁、平台梁、平台板、墙体并注明符号。

b. 栏杆、扶手的形式可简化。

c. 外墙所剖到的门、窗、台阶等均应画出。

d. 标注平台、底层地面的做法。

e. 尺寸标注:

室外地坪、底层地面、中间平台、楼层平台的标高。

竖向尺寸两道:第一道,梯段高度;第二道,层高。

水平尺寸两道:第一道,底层平台净宽、底层梯段长;第二道,进深轴线尺寸及编号。

3) 指导

(1)设计准备

①工具准备

2 号图板、A3 图纸、铅笔、丁字尺等绘图工具,按建筑制图标准的规定,绘制楼梯平面图。

②踏步尺度

楼梯的坡度在实际应用中均由踏步高宽比决定。踏步的高宽比应根据人流行走的舒适、安全和楼梯间的尺度、面积等因素进行综合权衡。常用的坡度为1∶2左右。人流量大、安全要求高的楼梯坡度应该平缓一些,反之则可陡一些,以利于节约楼梯间面积。踏步常用高度尺寸见表2-1。

踏步常用高度尺寸　　　　　　　　　　　　　　表 2-1

名　　　称	住　　宅	幼　儿　园	学校、办公楼	医　　院	剧院、会堂
踏步高 h(mm)	150 ~ 175	120 ~ 150	140 ~ 160	120 ~ 150	120 ~ 150
踏步宽 b(mm)	260 ~ 300	260 ~ 280	280 ~ 340	300 ~ 350	300 ~ 350

踏步的高度,成人以 150mm 左右较适宜,不应高于 175mm。

踏步的宽度(水平投影宽度)以 300mm 左右为宜,不应窄于 260mm。

且应符合 $2h + b = 600 ~ 620$mm,其中 h 为踏步高,b 为踏步宽。

③梯段尺度

梯段尺度分为梯段宽度和梯段长度。梯段宽度应根据紧急疏散时要求通过的人流股数多少确定。每股人流按 550 ~ 700mm 宽度考虑,单人通行不应小于 900mm,双人通行时为 1100 ~ 1400mm,三人通行时为 1650 ~ 2100mm,其余类推。同时,需满足各类建筑设计规范中对梯段宽度的限定,如住宅大于 1100mm,公共建筑大于 1300mm 等。

④平台宽度

平台宽度分为中间平台宽度 B_1 和楼层平台宽度 B_2,对于平行和折行多跑等类型的楼梯,其转向后的中间平台宽度应不小于梯段宽度,以保证通行与梯段同股数人流,同时应便于家具搬运。医院建筑还应保证担架在平台处能转向通行,其中间平台宽度应大于 1800mm。对于直行多跑楼梯,其中间平台宽度可大于等于梯段宽,或者不小于 1200mm。对于楼层平台宽度,则应比中间平台更宽松一些,以利人流分配和停留。

⑤梯井宽度

所谓梯井是指梯段之间形成的空当,此空档从顶层到底层贯通。在平行多跑楼梯中,可无梯井,但为了梯段安装和平台转弯缓冲,可设梯井。为了安全,其宽度应小,以 60~200mm 为宜。当梯井宽不小于 500 时应加防护措施。

(2)设计方法和步骤

①确定楼梯形式和各部分尺寸。

②根据算出尺寸,按要求比例画出底层、中间层和顶层平面草图。

③确定楼梯结构和构造方案:

a.楼梯梯段形式、板式或梁板式、明步或暗步。

b.平台梁形式。

c.平台板的布置。

④画出楼梯剖面草图,按要求标注尺寸。

⑤检查绘出的平面、剖面草图,是否符合楼梯的设计要求,有无矛盾的地方,并进行调整。

⑥根据调整好的平面、剖面草图,按前述要求正式完成平面图、剖面图和节点详图。

4)工作任务参考资料

《民用建筑设计通则》(GB 50352—2005)、《住宅建筑规范》(GB 50368—2005)、《建筑设计防火规范》(GB 50016—2006)、《房屋建筑制图统一标准》(GB/T 50001—2010)、《住宅设计规范》(GB 50096—2011)等。

2.4.3 技能训练

班级 _____ 姓名 _____ 学号 _____ 自评 _____ 互评 _____ 师评 _____

1) 根据某实物楼梯的现场测绘, 补充完整的楼梯图, 并标注出括号中的各相关尺寸, 尺寸尽量符合建筑模数要求

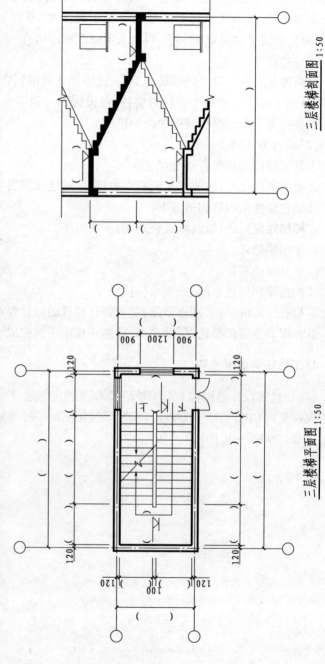

三层楼梯剖面图 1:50

三层楼梯平面图 1:50

2)识图楼梯详图,完成识图报告

要求:按如图 2-5 所示的楼梯详图,撰写楼梯详图识图报告(提示:识图楼梯平面图、剖面图与楼梯节点详图,内容包括楼梯类型,结构形式,各组成部分的材料、尺寸,各楼梯及平台标高,踏步栏杆等的装修做法)。

识图报告:

(1)楼梯附图详图中包括楼梯_____图与楼梯_____图,其中楼梯平面图又分为_____层楼梯平面图、_____层楼梯平面图、_____层楼梯平面图。平面图与剖面图所用绘图比例皆为_____。

(2)该楼梯属于板式楼梯,有_____、_____和_____组成,梯段与平台有_____支撑。梯段、平台皆为_____构件。该楼梯为平行_____跑楼梯。

(3)从楼梯平面图可知,该楼梯位于建筑物的横向_____、纵向_____轴线间。开间_____mm,进深_____mm,墙厚为_____mm。从平面图可知,各梯段宽为_____mm,梯井宽为_____mm;平台净宽为_____mm,从数据看出,平台宽_____,梯段宽_____,满足《民用建筑设计通则》等的要求。梯段长度尺寸为 9 × 300 = 2700mm,表示该楼梯段有_____个踏面,每踏面宽为_____mm。该楼梯间窗为 C-1,窗宽_____ mm,窗的位置离_____、_____定位轴线的距离皆为_____mm。

(4)楼梯剖面图的名称为_____剖面图,剖切符号绘在_____平面图中(从_____往_____看),剖切到每层的上行第_____个梯段,即在剖面图中上行第一个梯段为被_____到,上行第二个梯段为_____。该剖面图墙体轴线编号为_____和_____,轴线间距为_____mm。从剖面图中可见,该建筑物室外地坪标高为_____m,室内一楼地面_____m,层高为_____m,二层、三层、四层楼面的标高分别为_____m、_____m、_____m。各休息平台的标高分别为_____m、_____m、_____m。从剖面图中可见,各平台下平台梁高为_____mm,楼梯间窗洞高为_____mm,各中间层平台梁底标高分别为_____m、_____m、_____m。

(5)从平面图与剖面图可见,该楼梯为平行双跑_____(是等还是不等)跑楼梯,每跑有_____个踏面,_____步(_____个踢面)。每踏步高_____mm,踏步宽_____mm。每层有_____个踏步。

(6)在建筑物底层的第一跑楼梯段下部设有_____基,材料为_____。楼地层的结构层材料皆为_____,楼梯间墙体材料为_____。

(7)栏杆扶手的详图需看图集_____的第_____页的_____号详图。

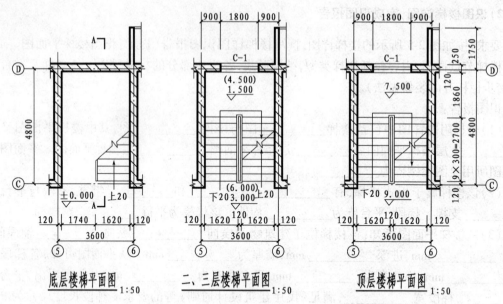

底层楼梯平面图 1:50　　　二、三层楼梯平面图 1:50　　　顶层楼梯平面图 1:50

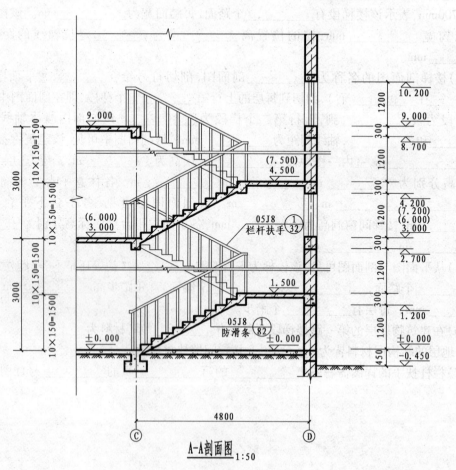

A—A剖面图 1:50

图 2-5

3）楼梯设计

用 A3 图纸，绘制出底层平面图、二层平面图、顶层平面图和楼梯剖面图，比例 1:50，给定的条件与要求如下：

（1）某三层公共建筑楼梯，每层层高 3600mm，楼梯开间 3000mm，进深 6600mm，室内外高差 450mm，楼梯间墙厚均为 240mm，楼梯平台下不做出入口，试设计一封闭式楼梯。

（2）楼梯的结构形式为现浇钢筋混凝土楼梯，楼梯形式为双跑梯，栏杆扶手的样式、材料及尺寸等自定。

（3）楼梯间四面墙体均可做承重墙。

设计过程：

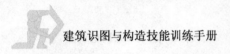

4）复习思考题

(1) 楼梯主要由_____、_____和_____三部分组成。

(2) 每个楼梯段的踏步数量一般不应超过_____级，也不应少于_____级。

(3) 楼梯平台按位置不同分_____平台和_____平台。

(4) 计算楼梯踏步尺寸常用的经验公式为_____。

(5) 楼梯平台下要通行，一般其净高度不小于_____mm，在梯段处不应小于_____mm。

(6) 钢筋混凝土楼梯按施工方式不同，主要有_____和_____两类。

(7) 现浇钢筋混凝土楼梯按梯段的结构形式不同，有_____和_____两种。

(8) 梁板式梯段由_____和_____两部分组成。

(9) 钢筋混凝土预制踏步的断面形式有_____、_____和_____三种。

(10) 楼梯栏杆有_____、_____和_____等。

(11) 楼梯栏杆扶手的高度一般为_____mm，供儿童使用的楼梯应在不小于_____mm高度增设扶手。考虑安全原因，住宅的栏杆间的净空尺寸不宜过大，不大于_____mm。

(12) 楼梯平台深度不应小于_____的宽度。

(13) 单股人流宽度为_____mm，建筑规范对楼梯梯段宽度的限定是：住宅≥_____mm，公共建筑≥1300mm。

(14) 梯井宽度以_____~_____mm 为宜。

(15) 栏杆与梯段的连接方法主要有_____、_____和、_____等。

(16) 通常室外台阶的踏步高度为_____，踏面宽度为_____。台阶与建筑出入口间的平台一般不应小于_____mm，且平台需做3%的排水坡度。

(17) 楼梯栏杆扶手的高度是指从_____至扶手上表面的垂直距离，一般室内楼梯的栏杆扶手高度不应小于_____。

(18) 坡道的防滑处理方法主要有_____、_____等。

(19) 考虑美观要求，电梯厅门的洞口周围应安装_____，为安装推拉门的滑槽，厅门下面的井道壁上应设_____。

(20) 楼梯踏步表面的防滑处理做法通常是在_____做_____。防滑条应凸出踏步面_____~_____mm。

(21) 楼梯主要由哪些部分组成？各部分的作用和要求是什么？

(22) 踏步尺寸与人行步距的关系如何？在不增加梯段长度的情况下如何加大踏步面的宽度？

（23）栏杆与梯段如何连接?

（24）楼梯的设计要求是什么?

（25）常见楼梯的形式有哪些?

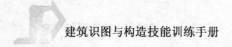

任务 2.5　识读屋顶构造图

子任务　抄绘屋顶构造图

2.5.1　任务书

1）目的

（1）能说出常见的屋面形式,各自优缺点。

（2）能说出组成屋面的构造层次。

（3）能根据图纸与实物说出屋面的构造组成。

2）内容与要求

（1）识读与抄绘给定的平坡屋面构造图。

（2）参观实物建筑或1:1仿真建筑模型平屋顶与坡屋顶,测量并绘制平屋面构造、泛水构造、坡屋面构造及檐沟做法。

3）应交成果

A3 图纸两张。要求屋顶构造做法符合相关规范要求。

4）时间要求

课内 + 课后完成。

5）成绩评定办法

成绩评定:技能考核过程评价与成果评价结合,由学生自我评价、小组组长评价(小组成员互评)、教师评价按比例评分确定总成绩,各类评价对象的考核内容详见附表"《建筑识图与构造》技能考核:项目/任务考核评分参考表"。

成果评定标准:

90 ~ 100 分:绘图内容齐全,建筑构造合理,标注说明齐全,符合剖面图制图标准,图面工整,整套图纸无明显错误。

80 ~ 90 分:根据上述标准有一般性小错误,图面基本工整,线型符合制图标准。

70 ~ 80 分:根据上述标准,内容表达基本齐全,线型粗细不明,图面表现一般。

60 ~ 70 分:根据上述标准,内容表达基本齐全但准确度一般,图面整体表现一般。

60 分以下:根据上述标准,图示内容表达不全,图面表现较差。

2.5.2　指导书

1)目的

(1)能说出常见的屋面形式,各自优缺点。

(2)能说出组成屋面的构造层次。

(3)能根据图纸与实物说出屋面的构造组成。

2)内容与要求

(1)识读与抄绘给定的平坡屋面构造图。

(2)参观实物建筑或1:1仿真建筑模型平屋顶与坡屋顶,测量并绘制平屋面构造、泛水构造、坡屋面构造及檐沟做法。

3)绘图指导

(1)讲解并识读平屋面坡屋面构造,按比例和图示要求抄绘构造图,并注意不同的断面材料图例表达。

(2)各学习小组共同合作,参观"1:1建筑模型"的屋顶构造,明确各构造的构造层次材料,测量厚度;现场绘制草图,拍摄照片;结合规范按比例、尺寸绘制相关构造图。

(3)合理布图。

4)成果要求

(1)A3图纸两张,要求屋顶构造做法符合相关规范要求。

(2)图示线型和断面材料图案图例符合《房屋建筑制图统一标准》(GB/T 50001—2010),布图合理,图示内容准确清晰。

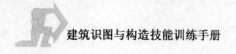

2.5.3 技能训练

班级_____姓名_____学号_____自评_____互评_____师评_____

1)绘制教学楼屋顶构造图,要求符合屋顶构造要求,图例正确,图线符合规范要求。图示比例自定

屋顶构造参考图如图2-6所示。

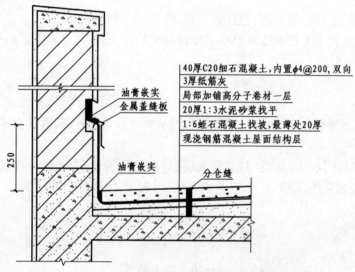

油膏嵌实 金属盖缝板

40厚C20细石混凝土,内置φ4@200,双向
3厚纸筋灰
局部加铺高分子卷材一层
20厚1:3水泥砂浆找平
1:6蛭石混凝土找坡,最薄处20厚
现浇钢筋混凝土屋面结构层

250

油膏嵌实
分仓缝

a)刚性防水屋面及在女儿墙处的构造

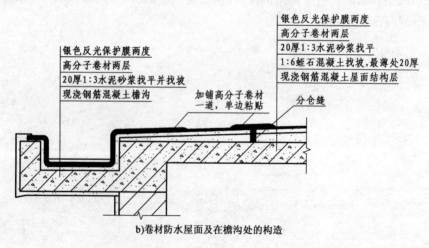

银色反光保护膜两度
高分子卷材两层
20厚1:3水泥砂浆找平并找坡
现浇钢筋混凝土檐沟

银色反光保护膜两度
高分子卷材两层
20厚1:3水泥砂浆找平
1:6蛭石混凝土找坡,最薄处20厚
现浇钢筋混凝土屋面结构层

加铺高分子卷材
一道,单边粘贴
分仓缝

b)卷材防水屋面及在檐沟处的构造

图 2-6

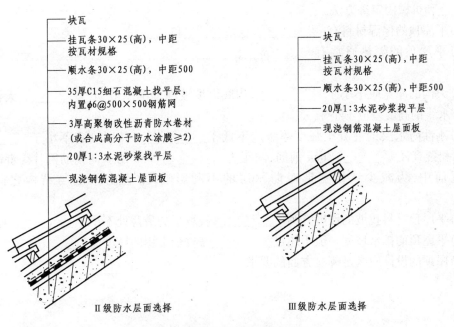

Ⅱ级防水层面选择   Ⅲ级防水层面选择

c)盖黏土瓦的钢筋混凝土坡屋面防水构造

图 2-6

2)根据实物建筑或 1:1 建筑仿真模型,测量并绘制平屋面构造、泛水构造、坡屋面构造及檐沟做法,A3 图纸,比例自定

3)复习思考题

(1)屋顶按其坡度不同,一般可分为_____、_____、_____三类。

(2)根据建筑物的性质、重要程度、使用功能要求、防水层耐用年限、防水层选用材料和设防要求,将屋面防水分为_____级。

(3)平屋顶找坡的方法有_____和_____两种。

(4)屋顶排水方式分为_____、_____两种。平屋顶的排水坡度一般大于等于_____%,不超过_____%,最常用的坡度为2% ~3%。

(5)平屋顶防水根据构造可分为_____和_____。

(6)卷材防水屋面的基本构造层次按其作用可分别为结构层、_____层、结合层、防水层、_____层。

(7)平屋顶泛水构造中,泛水高度一般不小于_____mm。

(8)在柔性防水屋面构造中,卷材长边搭接长度一般为_____mm,短边搭接长度一般为_____mm。

(9)当雨水管口直径为 100mm 左右时,每根雨水管所承担的屋面排水面积为_____m²。

(10)常见的柔性防水屋面卷材的铺设方法有_____、_____、_____、

_____和机械固定等方法。

(11)平屋顶的保温材料有_____、_____和_____三种类型。

(12)平屋顶的隔热通常有_____、_____、_____和_____等处理方法。

(13)天沟的净宽应不小于_____,沟底纵坡坡度范围一般为_____,天沟上口与天沟分水线的高度差应不小于_____。

(14)刚性防水层的混凝土强度等级应不低于_____,其厚度宜不小于_____mm,双向配置直径_____mm钢筋,间距为_____mm的双向钢筋网片。混凝土刚性防水屋面中,为减少结构变形对防水层的不利影响,常在防水层与结构之间设置_____层。

(15)平屋顶材料找坡的坡度宜为_____,找坡层的最薄处不小于_____厚。

(16)平屋顶的排水坡度一般不超过_____%,最常用的坡度为_____。

(17)屋顶的设计应满足哪三方面的要求?

(18)常用于屋顶的隔热、降温措施有哪几种?

(19)刚性防水屋面为什么要设置分割缝?通常在哪些部位设置?

(20)平屋顶保温层有几种做法?每种该如何来做?

(21)简述涂料防水屋面的基本构造层次及做法。

项目3　建筑施工图识图

任务3.1　识读建筑施工图总说明和总平面图

任务3.2　识读建筑平面图

任务3.3　识读建筑立面图

任务3.4　识读建筑剖面图

任务3.5　识读建筑详图

任务 3.1 识读建筑施工图总说明和总平面图

子任务 **1. 认识和识读建筑施工总说明**
2. 识读和绘制建筑总平面图

3.1.1 任 务 书

1)目的

(1)能正确识读施工总说明和施工总平面图。

(2)能按制图规范要求,根据提示补充或修改建筑总平面图。

2)内容与要求

【内容】

(1)识读教材附录图纸目录与建筑设计总说明,识读本手册附录2某厂房土建施工图,完成识图报告。

(2)参观及测绘校园,以所在教学楼为新建建筑物,绘制校园总平面图(选做)。

(3)根据本手册提供的总平面图,按提示要求补充或修改图示内容,并在空白横线上填上正确的答案。

【要求】 独立完成。图纸要求根据《房屋建筑制图统一标准》(GB/T 50001—2010)规范标注。

3)应交成果

本手册识图报告,A3图纸:校园总平面图。

4)时间要求

课内 + 课后完成。

5)成绩评定办法

成绩评定: 技能考核过程评价与成果评价结合,由学生自我评价、小组组长评价(小组成员互评)、教师评价按比例评分确定总成绩,各类评价对象的考核内容详见附表"《建筑识图与构造》技能考核:项目/任务考核评分参考表"。

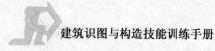
识读教材附录及图集的图纸目录、建筑设计总说明及总平面图,完成识图报告。

识图报告一,错一个空格扣 1 分,满分 100 分;识图报告二,错一个空格扣 4 分,需要绘图的内容错一律扣 4 分,满分 100 分。

成果评定标准:

90～100 分:绘图内容正确齐全,线型符合制图标准,标注说明齐全,图面工整,图纸无明显错误。

80～90 分:根据上述标准有一般性小错误,图面基本工整,线型符合制图标准。

70～80 分:根据上述标准,内容表达基本齐全,线型粗细不明,图面表现一般。

60～70 分:根据上述标准,内容表达基本齐全但准确度一般,图面整体表现一般。

60 分以下:根据上述标准,图示内容表达不全,图面表现较差。

识图报告成果部分评定标准:按识图报告内容的全面性与正确性进行评价。

3.1.2 指 导 书

1）目的

（1）能正确识读施工总说明和施工总平面图。

（2）能按制图规范要求，根据提示补充或修改建筑总平面图。

2）内容与要求

【内容】

（1）识读教材附录图纸目录与建筑设计总说明，识读本手册附录 2 某厂房土建施工图，完成识图报告。

（2）参观及测绘校园，以所在教学楼为新建建筑物，绘制校园总平面图（选做）。

（3）根据本手册提供的总平面图，按提示要求补充或修改图示内容，并在空白横线上填上正确的答案。

【要求】 独立完成。图纸要求根据《房屋建筑制图统一标准》（GB/T 50001—2010）规范标注。

3）指导

（1）参看教材附录图纸目录与建筑设计总说明。

（2）根据课堂动画课件学得的知识作答，具体也可参看教材有关建筑首页图和建筑总平面图的内容，重点参看房屋建筑工程图的有关规定部分。对照总平面图中题目的要求完成填空部分，并在图上补图和改图。

4）成果要求

本手册识图报告，A3 图纸:校园总平面图。

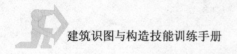

3.1.3 技能训练

班级_____ 姓名_____ 学号_____ 自评_____ 互评_____ 师评_____

1）根据本手册附录2某厂房建筑施工图图纸目录与建筑设计总说明，完成下列各题

（1）本工程总建筑面积_____ m²,本工程建筑基底总面积_____ m²。

（2）建筑类别_____。

（3）建筑层数_____层,建筑高度_____ m。

（4）建筑结构形式为_____结构,合理使用年限为_____年,抗震设防烈度为_____度。

（5）建筑物耐火等级为_____级,建筑防雷类别为_____类,屋面防水等级为_____级,防水合理使用年限为_____年。

（6）本工程相对标高3.000相当于绝对标高_____ m,建筑物室内外高差为_____ m。

（7）墙身防潮层的做法_____。室内地坪标高变化处防潮层应重叠搭接_____ mm,并在有高低差埋土一侧的墙身做_____防潮层,如埋土一侧为室外,还应加_____。

（8）屋面排水组织中,雨水管采用_____。

（9）管道竖井设门槛高为_____ mm,门窗五金件要求为_____。

（10）防火墙和公共走廊上疏散用的平开防火门应设_____,双扇平开防火门安装_____和_____,常开防火门需安装_____和_____。

（11）内装修工程执行_____,楼地面部分执行_____。

（12）楼地面构造交接处和地坪高度变化处,除图中另有注明者外均位于_____。

（13）凡设有地漏的房间就应做_____,图中未注明整个房间做坡度者,均在地漏周围_____范围内做_____坡度坡向地漏,有水房间的楼地面应低于相邻房间至少_____ mm或做_____,邻水侧墙中楼地面上翻_____,高_____ mm、宽_____ mm,_____混凝土。

（14）两种材料的墙体交接处,应根据饰面材质在做饰面前加订金属网或在施工中加贴_____,防止裂缝。预埋木砖及贴邻墙体的木质面均做_____处理,露明铁件均做_____处理。

（15）楼板留洞待设备管线安装完毕后,用_____封堵密实;管道竖井每_____进行封堵。

（16）踢脚高度均为做_____ mm。

（17）图中所注防水涂料均为_____。

（18）卫生间楼面低于相邻房间楼面_____mm，淋浴部位四周墙做1.5mm厚丙烯酸防水涂膜防水层至窗顶上_____mm。

（19）当窗台低于900mm时，均做_____mm高不锈钢栏杆。

（20）室外基层外墙涂料面做法_____，外墙面砖面做法_____，花岗岩板面做法_____，阳角部位做法_____，电梯井道做法_____。

（21）本套图纸共有建施图_____张，建施03为_____。

（22）绘制室外基层中花岗岩板面的各构造层次（画清图例，标清各层次做法）。

2）参观及测绘校园，以建工实训楼为新建建筑物，用A3图纸绘制校园总平面图（部分）

3）识读图3-1总平面图，按提示要求补充或修改图示内容，并在下面的横线上填上正确的答案

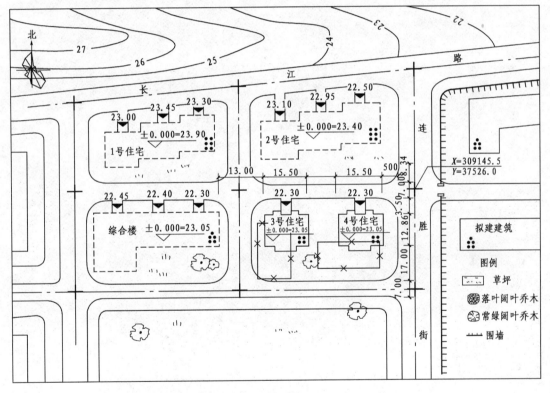

图3-1　总平面图

（1）图北面的曲线代表_____线，数字代表_____，如西侧曲线上标注的27表示_____。该地区地势的走向是_____高_____低。

（2）3号、4号住宅均为四层新建建筑物，它们的入口处比底层地面低750mm，在新建这两栋建筑前要拆除建筑红线内的另外两栋老建筑。请用正确的图例在总平面图中表达。

（3）1号、2号住宅及综合楼均为原有建筑，图例是否正确？_____。若有误请调整。

（4）连胜街东面的五层拟建建筑图例是否正确？_____。若有误请调整。

（5）连胜街东面有一五层L形建筑，属于原有建筑，图例是否正确？_____。若有误

81

请调整。

(6)连胜街东面的表示_____,属于_____性质。

(7)3号住宅与综合楼的间距是_____m,3号住宅与4号住宅的间距是10000mm。

(8)1号住宅上 $\pm0.000=23.40$ 表示_____。

(9)该地区一年四季出现频率最高的风向是_____风,夏季出现频率最高的风向是_____风。

(10)该图上采用的是_____(测量还是施工)坐标。

(11)图按1:500绘制,请在本张图纸底部写上图名比例。

(12)如果不考虑风向,图中的风玫瑰图可以用_____代替。

(13)按规范要求绘制一个指北针。

任务 3.2　识读建筑平面图

子任务　识读和抄绘建筑平面图

3.2.1　任务书

1）目的

（1）能正确识读建筑平面图。

（2）能按制图规范要求抄绘建筑平面图。

2）内容与要求

【内容】识读本手册附录 2 某厂房各层建筑平面图,完成识图报告;抄绘教材附录××商住楼底层平面图、中间层平面图、屋顶平面图。

【要求】独立完成。绘图要求线型正确,符合《房屋建筑制图统一标准》（GB/T 50001—2010）要求;线宽合理,分清粗、中、细。布图合理,选用的绘图比例符合要求;标题栏内容齐全。绘图比例:平面图 1:100。

3）应交成果

识图报告;A3 图纸:建筑平面图。

4）时间要求

课内 + 课后完成。

5）成绩评定

成绩评定:技能考核过程评价与成果评价结合,由学生自我评价、小组组长评价（小组成员互评）、教师评价按比例评分确定总成绩,各类评价对象的考核内容详见附表"《建筑识图与构造》技能考核:项目/任务考核评分参考表"。

绘图成果评定标准:

90～100 分:布图合理;图形正确,符合投影规律;线型、线宽符合制图标准;尺寸标注完整正确合理;注写工整、图面整洁。

80～90 分:图形正确,符合投影规律;线型、线宽基本符合制图标准;尺寸标注完整正确、

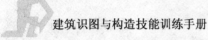

合理性较好;字体基本符合要求、图面较整洁。

70~80 分:图形基本正确,符合投影规律;线型、线宽基本符合制图标准;尺寸标注基本完整;图面较整洁。

60~70 分:图形基本正确,基本符合投影规律;线型、线宽不够符合制图标准;尺寸标注不够完整;图面基本整洁。

识图报告成果部分评定标准:按识图报告内容的全面性与正确性进行评价。

3.2.2　指导书

1)目的

(1)能正确识读建筑平面图。

(2)能按制图规范要求抄绘建筑平面图。

2)内容与要求

【内容】识读本手册附录2某厂房各层建筑平面图,完成识图报告;抄绘教材附录××商住楼底层平面图、二层平面图、屋顶平面图。

【要求】独立完成。绘图要求线型正确,符合《房屋建筑制图统一标准》(GB/T 50001—2010)要求;线宽合理,分清粗、中、细。布图合理,选用的绘图比例符合要求;标题栏内容齐全。绘图比例为平面图1:100。

3)指导

(1)图样规格及比例

常用比例1:200,1:100,1:50,根据A3图纸及绘图内容选择合理比例。考虑尺寸标注与文字注写位置,按图面大小布置好图面。

(2)绘制建筑平面图参考步骤

①定轴线:先定横向和纵向的最外两道轴线,再根据开间和进深尺寸定出各轴线。

②画墙身厚度,定门窗洞位置。定门窗洞位置时,应从轴线往两边定窗间墙宽,这样门窗洞宽自然就定出来了。

③画楼梯(包括栏杆、扶手等)、阳台、台阶、散水、明沟等细部。

④经检查无误后,擦去多余的作图线,按要求加深图线。并标注轴线、尺寸、门窗编号、剖切位置线、图名、比例及其他文字说明。

(3)加深图线要求

①粗实线——建筑平面图中被剖切到的主要建筑构造(包括构配件)的轮廓线,如墙柱轮廓线。

②被剖切的次要建筑构造(包括构配件)的轮廓线,如隔墙、门扇线(门开启线)等;建筑构配件的可见轮廓线,如楼梯、踏步、台阶、厨房设施、卫生器具等图例线,用中实线。

③图例线和线宽小于0.5b的图形线,如在固定设施与卫生器具轮廓线内的图线等,可用细实线。

注:①打底稿可用H铅笔绘出轻、淡、细的底稿线,铅笔削面锥形。

②加深图线,用B或HB铅笔加深,铅笔削成扁形,各类图线粗细一致。

③标注尺寸时数字大小应一致。

4)成果要求

识图报告;A3图纸:建筑平面图。

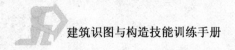

3.2.3 技 能 训 练

班级_____姓名_____学号_____自评_____互评_____师评_____

一、根据本手册附录 2 某厂房的各层建筑平面图,完成识图报告

(1)从一层平面图可知,该图绘图比例为_____,建筑物总长为_____ mm,总宽为_____ mm,主入口位于建筑物的_____侧(北还是南),西北侧入口处门的高度为_____ mm,宽度为_____ mm,东北侧入口处门的高度为_____ mm,宽度为_____ mm,男卫生间门的高度为_____ mm,宽度为_____ mm,女卫生间门的高度为_____ mm,宽度为_____ mm,女卫生间窗的高度为_____ mm,宽度为_____ mm,1 号楼梯间开间为_____ mm,进深为_____ mm,2 号楼梯处窗的高度为_____ mm,宽度为_____ mm,室内标高为_____ m,室外标高为_____ m,电梯间入口处坡道的做法为_____,电梯间门洞的尺寸为_____。

(2)从二层平面图可知,该层的建筑标高为_____ m,楼梯间采用_____级防火门,该防火门高度为_____ mm,宽度为_____ mm,北侧雨篷板底建筑标高为_____ m,排水坡度为_____,采用_____雨水管,雨篷长为_____ mm,宽为_____ mm,男卫生间开间为_____ mm,进深为_____ mm,女卫生间开间为_____ mm,进深为_____ mm。

(3)从屋面、电梯机房层平面图可知,该屋面的排水坡度为_____,檐沟内纵向排水坡度为_____,檐沟净宽为_____ mm,屋脊标高为_____ m,电梯顶部标高为_____ m,电梯机房窗的高度为_____ mm,宽度为_____ mm,电梯机房采用_____级防火门,该防火门高度为_____ mm,宽度为_____ mm。

二、用 A3 图纸抄绘教材附录中的建筑平面图

任务3.3 识读建筑立面图

子任务 识读和抄绘建筑立面图

3.3.1 任务书

1）目的

（1）能正确识读建筑立面图。

（2）能按《房屋建筑制图统一标准》（GB/T 50001—2010）要求抄绘建筑立面图。

·2）内容与要求

【内容】 识读教材附录及本手册附录2某厂房各建筑立面图，完成识图报告；抄绘教材附录××商住楼建筑立面图。

【要求】 独立完成 A3 图纸。线型正确，符合《房屋建筑制图统一标准》（GB/T 50001—2010）要求；线宽合理，分清粗、中、细。布图合理，选用的绘图比例符合要求；标题栏内容齐全。绘图比例为平面图1:100。

3）应交成果

识图报告；A3 图纸：建筑立面图。

4）时间要求

课内＋课后完成。

5）成绩评定办法

成绩评定：技能考核过程评价与成果评价结合，由学生自我评价、小组组长评价（小组成员互评）、教师评价按比例评分确定总成绩，各类评价对象的考核内容详见附表"《建筑识图与构造》技能考核：项目/任务考核评分参考表"。

绘图成果评定标准：

90～100 分：布图合理；图形正确，符合投影规律；线型、线宽符合制图标准；尺寸标注完整正确合理；注写工整、图面整洁。

80～90 分：图形正确，符合投影规律；线型、线宽基本符合制图标准；尺寸标注完整正确、

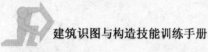

合理性较好;字体基本符合要求、图面较整洁。

70~80分:图形基本正确,符合投影规律;线型、线宽基本符合制图标准;尺寸标注基本完整;图面较整洁。

60~70分:图形基本正确,基本符合投影规律;线型、线宽不够符合制图标准;尺寸标注不够完整;图面基本整洁。

识图报告成果部分评定标准:按识图报告内容的全面性与正确性进行评价。

3.3.2 指 导 书

1）目的

（1）能正确识读建筑立面图。

（2）能按《房屋建筑制图统一标准》（GB/T 50001—2010）要求抄绘建筑立面图。

2）内容与要求

【内容】识读教材附录及本手册附录2某厂房各建筑立面图，完成识图报告；抄绘教材附录××商住楼建筑立面图。

【要求】独立完成A3图纸。线型正确，符合《房屋建筑制图统一标准》（GB/T 50001—2010）要求；线宽合理，分清粗、中、细。布图合理，选用的绘图比例符合要求；标题栏内容齐全。绘图比例按：平面图1∶100。

3）指导

（1）常用比例1∶200、1∶100、1∶50，根据A3图纸及绘图内容选择合理比例。考虑尺寸标注与文字注写位置，按图面大小布置好图面。

注：①打底稿可用H铅笔绘出轻、淡、细的底稿线，铅笔削面锥形。

②加深图线，用B或HB铅笔加深，铅笔削成扁形，各类图线粗细一致。

③标注尺寸时数字大小应一致。

（2）绘制建筑立面图参考步骤。立面图的画法和步骤与建筑平面图基本相同，同样先选定比例和图幅，有画底图和加深两个步骤。

第一步，画室外地坪线、建筑外轮廓线；

第二步，画各层门窗洞口线；

第三步，画墙面细部，如阳台、窗台、楣线、门窗细部分格、壁柱、室外台阶、花池等；

第四步，检查无误后，按立面图的线型要求进行图线加深；

第五步，标注标高、首尾轴线，书写墙面装修文字、图名、比例等，说明文字一般用5号字，图名用10号字。

加深图线要求：

①建筑物外轮廓和较大转折处轮廓的投影用粗实线表示。

②外墙上凸凹部位如壁柱、窗台、楣线、挑檐、门窗洞口等的投影用中粗实线表示。

③门窗的细部分格以及外墙上的装饰线用细实线表示。

④室外地坪线用加粗实线（1.4b）表示。

4）成果要求

识图报告；A3图纸：建筑立面图。

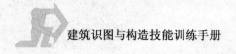
3.3.3 技 能 训 练

班级_____姓名_____学号_____自评_____互评_____师评_____

1)根据本手册附录2某厂房建筑立面图,完成识图报告(建施07~建施09)

(1)本建筑最高处屋顶标高为_____。

(2)建筑立面图的命名方法有三种:有定位轴线的建筑物,宜根据_____确定建筑立面图的名称;无定位轴线的建筑物,可按_____确定名称,也可按_____确定名称。该图中①~⑪轴立面图也可命名为_____或者_____,Ⓐ~Ⓓ轴立面图也可命名为_____或者_____。

(3)对照⑪~①轴立面图可知,该建筑物北侧室外地坪标高为_____,室内外高差为_____。

(4)外墙勒脚高_____,做法为_____。

(5)外墙装饰具体做法有_____种,南立面外墙装饰具体做法是_____。

(6)一层C1窗台高度为_____,LTC0912窗台高度为_____,二层C2窗台高度为_____,LTC0912窗台高度为_____。

(7)底层层高为_____,二层层高为_____,顶层层高为_____。

(8)C1高度为_____,宽度为_____,C2高度为_____,宽度为_____。

LTC2118高度为_____,宽度为_____,位于_____房间_____侧。

LTC0912高度为_____,宽度为_____,位于_____房间_____侧。

LTC0918高度为_____,宽度为_____,位于_____房间_____侧。

LTC1218高度为_____,宽度为_____,位于_____房间_____侧。

M1221高度为_____,宽度为_____,位于_____房间_____侧。

M1521高度为_____,宽度为_____,位于_____房间_____侧。

电梯入口处门洞的尺寸为_____。

2)用A3图纸抄绘教材附录中的立面图

任务 3.4　识读建筑剖面图

子任务　识读和抄绘建筑剖面图

3.4.1　任 务 书

1）目的

（1）能理解建筑剖面图的形成。

（2）能正确识读建筑剖面图。

（3）能按剖面图的绘图步骤抄绘建筑剖面图。

2）内容与要求

【内容】识读教材附录及本手册附录2某厂房各建筑剖面图,完成识图报告;抄绘教材附录××商住楼建筑剖面图。

【要求】

（1）完成剖面图抄绘,布图合理、图线加粗加深、线型正确,符合《房屋建筑制图统一标准》（GB/T 50001—2010）要求;线宽合理,分清粗、中、细。布图合理,选用的绘图比例符合要求;标题栏内容齐全。

（2）读懂图纸,理解图示内容,按剖面图绘图步骤绘图。

（3）绘图比例:1∶100 或 1∶50。

3）应交成果

识图报告;A3 图纸:建筑剖面图。

4）时间要求

课内＋课后完成。

5）成绩评定办法

成绩评定:技能考核过程评价与成果评价结合,由学生自我评价、小组组长评价（小组成员互评）、教师评价按比例评分确定总成绩,各类评价对象的考核内容详见附表"《建筑识图与构造》技能考核:项目/任务考核评分参考表"。

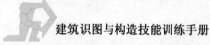

绘图成果评定标准：

90～100 分：布图合理；图形正确，符合投影规律；线型、线宽符合制图标准；尺寸标注完整正确合理；注写工整、图面整洁。

80～90 分：图形正确，符合投影规律；线型、线宽基本符合制图标准；尺寸标注完整正确、合理性较好；字体基本符合要求、图面较整洁。

70～80 分：图形基本正确，符合投影规律；线型、线宽部分基本符合制图标准；尺寸标注基本完整；图面较整洁。

60～70 分：图形基本正确，基本符合投影规律；线型、线宽不够符合制图标准；尺寸标注不够完整；图面基本整洁。

识图报告成果部分评定标准：按识图报告内容的全面性与正确性进行评价。

3.4.2　指导书

1）目的

（1）能理解建筑剖面图的形成。

（2）能正确识读建筑剖面图。

（3）能按剖面图的绘图步骤抄绘建筑剖面图。

2）内容与要求

【内容】识读教材附录及本手册附录2某厂房各建筑剖面图，完成识图报告；抄绘教材附录××商住楼建筑剖面图。

【要求】

（1）完成剖面图抄绘，布图合理、图线加粗加深、线型正确，符合《房屋建筑制图统一标准》（GB/T 50001—2010）要求；线宽合理，分清粗、中、细。布图合理，选用的绘图比例符合要求；标题栏内容齐全。

（2）读懂图纸，理解图示内容，按剖面图绘图步骤绘图。

（3）绘图比例：1:100 或 1:50。

3）指导

（1）建筑剖面图基础知识授课讲解

①建筑剖面图的形成。

②建筑剖面图的图示内容和图示方法。

（2）建筑剖面图读图指导

（3）建筑剖面图绘图步骤指导

①画出剖切到的墙体或柱子、梁的定位轴线和各层楼面线作为定位线。

②绘制剖面墙体、楼板线和屋顶。

③绘制剖面门窗。

④绘制可见墙体轮廓、门窗立面和其他可见构件。

⑤按剖面图图示方法加深底稿。

⑥标注尺寸、标高和定位轴线等。

⑦注写标高、图名、比例及有关文字说明。

4）成果要求

识图报告；A3 图纸：建筑剖面图。

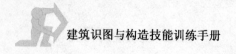

3.4.3 技能训练

班级_____姓名_____学号_____自评_____互评_____师评_____

1)识读本手册附录 2 某厂房建筑剖面图,完成识图报告

该图图名为_____,绘图比例为_____。从图名和平面图对照可知,该图剖切符号位于_____平面图_____轴和_____轴之间,剖切后向_____(左或右)投影。剖切到的建筑构件有_____、_____、_____、_____轴墙体、_____、各层楼板和屋顶等。室外地坪标高为_____ m。图中剖切到的墙体断面轮廓应用_____线绘制,涂黑部分为_____结构。结合各层平面图,该剖面图中可见的门的编号分别为_____、_____。

2)用 A3 图纸抄绘教材附录中的建筑剖面图

任务 3.5　识读建筑详图

子任务　1.识读抄绘外墙节点详图

2.识读楼梯详图

3.5.1　任　务　书

1)目的

(1)明确常见建筑详图组成。

(2)能正确识读建筑外墙节点详图。

(3)能理解常见建筑楼梯详图组成。

(4)能正确识读建筑楼梯构造详图。

2)内容与要求

【内容】识读并抄绘墙身大样图;识读楼梯详图,完成识图报告。

【要求】

(1)根据教材附录及本手册附录2某厂房建筑外墙节点详图,读图理解图示内容,按详图绘图步骤绘图。完成墙身大样图的抄绘。布图合理、图线加粗加深、线型正确,符合《房屋建筑制图统一标准》(GB/T 50001—2010)要求;线宽合理,分清粗、中、细。布图合理,选用的绘图比例符合要求;标题栏内容齐全。绘图比例为1:20。

(2)识读教材附录及本手册附录2某厂房楼梯详图,完成识图报告。

3)应交成果

识图报告;A3图纸:墙身节点详图。

4)时间要求

课内 + 课后完成。

5)成绩评定办法

成绩评定:技能考核过程评价与成果评价结合,由学生自我评价、小组组长评价(小组成员互评)、教师评价按比例评分确定总成绩,各类评价对象的考核内容详见附表"《建筑识图与

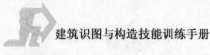

构造》技能考核:项目/任务考核评分参考表"。

绘图成果评定标准:

90～100分:布图合理;图形正确,符合投影规律;线型、线宽符合制图标准;尺寸标注完整正确合理;注写工整、图面整洁。

80～90分:图形正确,符合投影规律;线型、线宽基本符合制图标准;尺寸标注完整正确、合理性较好;字体基本符合要求、图面较整洁。

70～80分:图形基本正确,符合投影规律;线型、线宽基本符合制图标准;尺寸标注基本完整;图面较整洁。

60～70分:图形基本正确,基本符合投影规律;线型、线宽不够符合制图标准;尺寸标注不够完整;图面基本整洁。

识图报告成果部分评定标准:按识图报告内容的全面性与正确性进行评价。

3.5.2　指导书

1)目的

(1)能理解常见建筑详图组成。

(2)能正确识读建筑外墙节点详图。

(3)能理解常见建筑楼梯详图组成。

(4)能正确识读建筑楼梯构造详图。

2)内容与要求

【内容】识读并抄绘墙身大样图;识读楼梯详图,完成识图报告。

【要求】

(1)根据教材附录及本手册附录2某厂房建筑外墙节点详图,读图理解图示内容,按详图绘图步骤绘制。完成墙身大样图的抄绘。布图合理、图线加粗加深、线型正确,符合《房屋建筑制图统一标准》(GB/T 50001—2010)要求;线宽合理,分清粗、中、细。布图合理,选用的绘图比例符合要求;标题栏内容齐全。绘图比例为1:20。

(2)识读教材附录及本手册附录2某厂房楼梯详图,完成识图报告。

3)指导

(1)识读和抄绘墙身大样图

①识读墙身大样图,理解图示内容。

②抄绘墙身大样图步骤指导

a.选定比例(1:25或1:50)、布图。

b.先绘制定位轴线——绘制室内外地面、楼面、屋面线——画出墙身厚度线——绘制楼底层构造层次线——墙身面层线——绘制材料图例——加深图线(分粗细线)——标注尺寸——注写文字说明——写出图名、比例。

(2)识读楼梯详图

①楼梯详图组成与形成。

②识图步骤:读图名比例——楼梯形式类型——开间和进深——楼梯间中的门窗洞口位置及尺寸——楼梯段、楼梯井宽度——墙厚——楼梯平台宽度和标高——梯段水平投影长——楼梯踏面宽——踏面数量——楼梯踢面高——踢面数——楼梯栏杆高度——栏杆安装方式——扶手尺寸——踏步详细尺寸。

4)成果要求

识图报告;A3图纸:墙身节点详图。

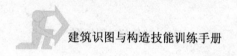

3.5.3 技能训练

班级_____姓名_____学号_____自评_____互评_____师评_____

1)识读本附录2某厂房各建筑详图,完成识图报告

(1)结合建施10识读建施09中的楼梯、电梯、机房屋面平面图

①电梯、机房屋面标高为_____m,排水坡度为_____,设置的水箱为_____和_____,雨水管的直径为_____mm,材料为_____。

②图中檐沟处索引符号_____其直径应为_____mm,投射方向为_____(左还是右),表示檐沟的详图在第_____张图纸中的第_____号详图。从详图可知,该屋面从下往上的构造做法是_____。

③从建施10中的第8号详图可知,泛水中水泥钉钉的间距为_____mm,泛水的凹槽宽为_____mm,高为_____mm,凹槽外用_____嵌固。檐沟的净宽为_____mm。

(2)识读卫生间平面布置图(建施09)

该卫生间的开间为_____mm,进深为_____mm,卫生间的排水坡度为_____,隔断厚度为_____mm,小便器之间的间离为_____mm,与⑧轴最近的小便器间距为_____mm,卫生间的平开门宽为_____mm,高为_____mm。

(3)识读建施10

①该图中1号详图表示_____部位详图,坡度为_____,宽度为_____mm,比室外地坪高出_____mm,其每层做法从上到下分别为_____。

②该图中2号详图表示_____部位详图,坡度为_____,长为_____mm,高为_____mm,其每层做法从上到下分别是_____。

③该图中3号详图比例为_____表示_____部位详图,排水找坡的坡度为_____,板底标高为_____m,伸出外墙_____mm,其每层做法从上到下分别为_____。

④该图中6号详图为_____分隔缝构造详图,10号详图为_____分隔缝构造图,从这两图中可见,缝底宽为_____mm,缝顶宽为_____mm,用的背衬材料为_____,做_____刚性防水层为_____mm。10号详图中防水卷材伸出顶端缝边为_____mm。

(4)识读建施11~13

①建施11为_____的详图,包含了_____个平面图和_____个剖面图,楼梯第一梯段有_____步,踏步高为_____mm。第二梯段有_____步,踏步高为_____mm。第三梯段有步,踏步高为_____mm。第四梯段有_____步,踏步高为

_____ mm。楼梯的每个踏步宽均为_____ mm。一至二层间的第一个楼梯平台宽为_____ mm,标高为_____ m。一至二层间的第二个楼梯平台宽为_____ mm,标高为_____ m。二层平台宽为_____ mm,标高为_____ m。二至三层间的楼梯平台宽为_____ mm,标高为_____ m。三层平台宽为_____ mm,标高为_____ m。楼梯间的窗台高是_____ mm,窗高是_____ mm,楼梯梯段栏杆的高度为_____ mm,楼梯平台水平段栏杆的高度为_____ mm。

②识读建施 13 可知楼梯扶手的高为 _____ mm,宽为 _____ mm,材料为_____。方钢均为_____焊接,防锈漆刷_____,_____罩面。

2)用 A3 图纸抄绘教材附录或本手册附录 2 某厂房外墙身详图

项目4　结构施工图识图

任务4.1　识读结构设计总说明

任务4.2　识读钢筋混凝土构件详图

任务4.3　识读房屋结构施工图

任务4.4　识读房屋结构施工图——平法识图

任务4.1　识读结构设计总说明

4.1.1　任 务 书

1)目的

(1)能基本读懂结构施工图设计总说明包含的内容。

(2)能查阅相关构造图集。

2)内容与要求

阅读教材附录及本手册附录2某厂房结构施工图的目录与结构设计总说明。

【内容】能正确识读教材附图、本手册附录2某厂房的结构施工图的目录与结构设计总说明。

【要求】独立完成"任务4.1　识读结构设计总说明"的识图报告内容。

3)应交成果

"任务4.1　识读结构设计总说明"识图报告。

4)时间要求

课内完成。

5)成绩评定办法

成绩评定:技能考核过程评价与成果评价结合,由学生自我评价、小组组长评价(小组成员互评)、教师评价按比例评分确定总成绩,各类评价对象的考核内容详见附表"《建筑识图与构造》技能考核:项目/任务考核评分参考表"。

识图报告成果部分评定标准:按识图报告内容的全面性与正确性进行评价。

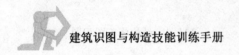

4.1.2 指导书

1）目的

（1）能基本读懂结施设计总说明包含的内容。

（2）能查阅相关构造图集。

2）内容与要求

阅读教材附录及本手册附录2某厂房结构施工图的目录与结构设计总说明。

【内容】 能正确识读教材附录及本手册附录2某厂房的结构施工图的目录与结构设计总说明。

【要求】 独立完成"4.1 识读结构设计总说明"的识图报告内容。

3）指导

（1）认真识读教材附录及本手册附录2某厂房结构施工图的目录与结构设计总说明。

（2）阅读结构施工图目录，明确结构施工图数量、类型、各图的张数等。

（3）结构设计总说明一般说明新建建筑的结构类型、耐久年限、地震设防烈度、地基状况、材料强度等级、选用的标准图集、新结构与新工艺及特殊部位的施工顺序、方法及质量验收标准。阅读后记忆相关要点。

4）上交成果

识图报告。

4.1.3 技能训练

班级_____ 姓名_____ 学号_____ 自评_____ 互评_____ 师评_____

识读本手册附录2某厂房的图纸目录与结构设计总说明

(1)从图纸目录看,本工程(某厂房)共有图纸_____张,其中结施08为_____图。

(2)该建筑结构形式为_____,基础类型为柱下_____,建筑结构安全等级为_____级,该建筑物设计使用年限为_____年,有否进行抗震设计_____(有或无)。

(3)该建筑结构设计的设计依据之一是_____。

(4)本工程钢筋混凝土构造中,主筋的混凝土保护层厚度:基础地梁为_____mm,若有防水要求时应改为_____mm。

(5)本工程钢筋混凝土构造中,钢筋的接头与形式:框架梁、框架柱主筋采用_____连接接头。其余构件当受力钢筋直径不小于22mm,应采用_____连接接头,受力钢筋直径小于22mm,可采用_____接头。并注意受力钢筋的位置应相互_____。

(6)本工程钢筋混凝土构造的现浇钢筋混凝土板:板的底部钢筋伸入支座长度应不小于_____,且应伸入到_____中心线。双向板的底部钢筋,短跨钢筋置于_____排,长跨钢筋置于_____排;当板底与梁底平时,板的下部钢筋伸入_____内须弯折后置于梁的下部纵向钢筋的_____。对短向跨度不小于3.6m的板,其模板应起拱,起拱高度为跨度的_____%;对短向跨度不小于3.6m的板,其四周应设_____根_____放射筋,长度取该板对角线长度的_____,以防止板四角发生裂缝。

(7)本工程钢筋混凝土构造中的现浇钢筋混凝土梁:梁内箍筋除单肢箍外,其余采用_____形式,并做成_____。梁内的第一根箍筋距柱边或梁边_____mm起。当主次梁高度相同时,次梁的下部纵向钢筋应置于_____下部纵向钢筋的_____。当梁跨大于或等于4m时,模板按跨度的_____%起拱。

(8)本工程钢筋混凝土构造中的现浇钢筋混凝土柱:柱子箍筋,除拉结钢筋外均采用_____形式,并做成_____度弯钩,直钩长度为_____。

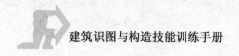

任务4.2　识读钢筋混凝土构件详图

4.2.1　任 务 书

1)目的

能识读钢筋混凝土构件详图:能读懂梁配筋图;能读懂板配筋图;能读懂柱配筋图。

2)内容与要求

(1)识读钢筋混凝土梁详图

【内容】 能正确识读钢筋混凝土梁详图,完成识图报告;按《建筑结构制图标准》(GB/T 50105—2010)等相关要求,完成梁断面图绘制。

①识读给定的钢筋混凝土梁详图,明确梁内各钢筋的名称、作用及详细的配筋情况。

②据给定的钢筋混凝土梁相关条件,绘钢筋混凝土梁详图。

【要求】 独立完成识图报告;独立完成梁断面图绘制,直接在给定位置绘制,线型正确,符合国标要求;线宽合理,分清粗、中、细。布图合理,绘图比例为1:20。

(2)识读钢筋混凝土板详图

【内容】 能正确识读钢筋混凝土板详图,完成识图报告。

【要求】 独立完成钢筋混凝土板详图识图报告。

(3)识读钢筋混凝土柱详图

【内容】 能正确识读钢筋混凝土柱详图,完成识图报告。

【要求】 独立完成钢筋混凝土柱详图识图报告。

3)应交成果

识图报告:识读钢筋混凝土构件详图识图报告,包含某钢筋混凝土梁配筋图。

4)时间要求

课内完成。

5)成绩评定

成绩评定:技能考核过程评价与成果评价结合,由学生自我评价、小组组长评价(小组成员互评)、教师评价按比例评分确定总成绩,各类评价对象的考核内容详见附表"《建筑识图与构造》技能考核:项目/任务考核评分参考表"。

钢筋混凝土梁详图评定标准：

90～100分：布图合理；图形正确，绘图比例正确；钢筋断面图中对各钢筋的投影表达清楚，不遗漏；符合投影规律；线型、线宽符合制图标准；尺寸标注完整正确合理；文字工整、图面整洁。

80～90分：布图合理；图形正确，绘图比例正确；钢筋断面图中对各钢筋的投影表达清楚，不遗漏，钢筋标注基本正确；符合投影规律；线型、线宽符合制图标准；梁断面尺寸标注完整、正确合理；文字工整、图面整洁

70～80分：布图合理；图形轮廓正确，按比例绘图；钢筋断面图中对各钢筋的投影表达基本正确，遗漏或错误的钢筋不超过2根，钢筋标注基本正确；符合投影规律；线型、线宽基本符合制图标准；梁断面尺寸标注正确；文字工整、图面较整洁。

60～70分：布图基本合理；图形轮廓正确，基本按比例绘图；钢筋断面图中对各钢筋的投影表达基本正确，遗漏或错误的钢筋不超过2根（包括标注）；符合投影规律；线型正确；梁断面尺寸标注正确；文字基本工整、图面较整洁。

识图报告成果部分评定标准：按识图报告内容的全面性与正确性进行评价。

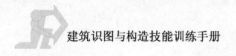

4.2.2 指 导 书

1）目的

能识读钢筋混凝土构件详图：能读懂梁配筋图，能读懂板配筋图，能读懂柱配筋图。

2）内容与要求

（1）识读钢筋混凝土梁详图

【内容】能正确识读钢筋混凝土梁详图，完成识图报告；按《建筑结构制图标准》（GB/T 50105—2010）等相关要求，完成某钢筋混凝土梁配筋图绘制。

①识读给定的钢筋混凝土梁详图，明确梁内各钢筋的名称、作用及详细的配筋情况。

②据给定的钢筋混凝土梁相关条件，绘某钢筋混凝土梁配筋图。

【要求】独立完成识图报告；独立完成梁断面图绘制，直接在给位位置绘制，线型正确，符合国标要求；线宽合理，分清粗、中、细。布图合理，绘图比例为 1∶20。

（2）识读钢筋混凝土板详图

【内容】能正确识读钢筋混凝土板详图，完成识图报告。

【要求】独立完成钢筋混凝土板详图识图报告。

（3）识读钢筋混凝土柱详图

【内容】能正确识读钢筋混凝土柱详图，完成识图报告。

【要求】独立完成钢筋混凝土柱详图识图报告。

3）指导

（1）每人认真阅读钢筋混凝土各构件详图，明确详图中各钢筋的名称、作用与详细的配筋情况。

（2）钢筋混凝土梁详图的识图：梁立面图、断面图与钢筋详图对照识图，明确每根钢筋的编号、类型、直径。

（3）某钢筋混凝土梁配筋图绘制：先明确题意再绘图，在明确钢筋混凝土梁内各钢筋配置的基础上绘图；绘图时可参照前一小题的梁配筋图，图样包括立面图和两个断面图，注意在立面图中合适的位置标注断面符号，区分剖切位置处是梁支座附近还是梁跨中，区分钢筋的变化及位置，注意在立面图中合适的位置标注断面符号，图线、标注、符号等内容要求按《建筑结构制图标准》（GB/T 50105—2010）规定。

（4）识读钢筋混凝土板详图：将板的平面图与 1-1 断面图对照识图，明确板内各钢筋的配置情况；注意：结合板的 1-1 断面图，在板平面图上，添加 1-1 断面图的剖切符号。

（5）识读钢筋混凝土柱详图，所给柱为牛腿柱，仔细耐心阅读。

①该图由模板图、配筋图(立面图和断面图)、预埋件详图、钢筋表、说明等组成。将各图与文字说明对照识图。

　　②识图时可先看模板图,了解柱的标高与尺寸、预埋件、吊装点等的位置。

　　③结合钢筋表识读配筋图立面图和断面图,此柱分上柱、下柱与牛腿,分别读清各钢筋后,再综合成整个柱的钢筋配置,可将较难问题化简。

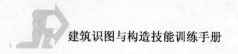

4.2.3 技能训练

班级_____姓名_____学号_____自评_____互评_____师评_____

1）识读钢筋混凝土梁详图4-1，回答下列问题

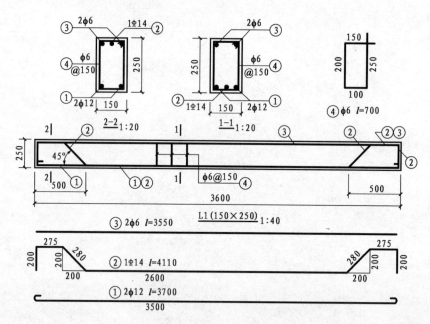

图4-1 钢筋混凝土梁详图

（1）钢筋混凝土梁的详图中，它由_____图、_____图、_____详图组成。从图中可以看出，该梁为一根矩形梁，长度为_____ mm，宽为_____ mm，高为_____ mm。该梁编号为①的钢筋为_____根直径为_____ mm 的_____级钢筋，是梁下部的受力筋，布置在钢筋_____部的角部，该钢筋每根长度为_____ mm；编号为②的钢筋是两根直径为_____ mm 的弯起筋，从立面图和断面图可以看出，它要梁中部位于_____位置，首尾两段45°弯起，在梁端部位于_____位置，该钢筋每根长度为_____ mm。编号为③的钢筋是_____根_____的_____筋，位于梁的上方，其长度为_____ mm；_____号钢筋是箍筋，每隔_____ mm 放置一根，该钢筋每根长度为_____ mm。

（2）已知某钢筋混凝土矩形梁，搁置在两端的 240 砖墙上，墙轴线编号分别为Ⓐ和Ⓑ，两轴线间距离为 4500mm。梁截面尺寸为 250mm×650mm，梁内配置的架立筋为 2 Φ18，受力筋为 4 Φ25，梁两端的上部中间位置分别附加一根 1/3 梁长的Φ20 负筋，箍筋为 φ8@200（100），试绘制出该梁的配筋图（立面图和梁两端的 1-1 断面图、梁中部的 2-2 断面图），钢筋编号自定。

（3）根据图4-2回答以下问题：

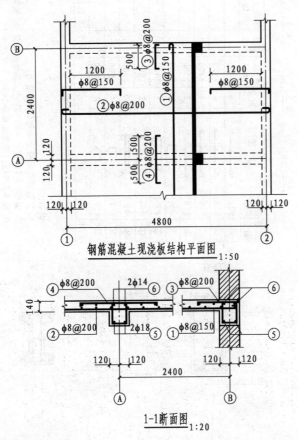

图　4-2

①从钢筋混凝土现浇板的结构平面图中可以看出,该板是支撑在＿＿＿＿＿＿＿ ~ ＿＿＿＿＿＿＿的梁上和＿＿＿＿＿＿＿ ~ ＿＿＿＿＿＿＿轴墙（梁）上。该板为＿＿＿＿＿＿＿（是单向还是双向）板。

②结合板的1-1断面图,请你在板平面图上,添加1-1断面图的剖切符号。

③结合板平面图与断面图识读：该板横向贯通筋为1号＿＿＿＿＿＿＿,位于＿＿＿＿＿＿＿（是板底还是顶）,纵向贯通筋为2号＿＿＿＿＿＿＿,位于＿＿＿＿＿＿＿（是板底还是顶）。该板在①与②轴线支座附近的负筋为＿＿＿＿＿＿＿,Ⓐ轴线支座处的钢筋为＿＿＿＿＿＿＿号＿＿＿＿＿＿＿,在＿＿＿＿＿＿＿（是板底还是顶）,未计弯钩的长度为＿＿＿＿＿＿＿ mm；Ⓑ轴线支座处的钢筋为＿＿＿＿＿＿＿,在＿＿＿＿＿＿＿（是板底还是顶）,未计弯钩的长度为＿＿＿＿＿＿＿ mm。

在图中还画出现浇板与圈梁的＿＿＿＿＿＿＿断面图（断面涂黑表示）。

2）识读某钢筋混凝土柱详图（图4-3）,回答下列问题

识读钢筋混凝土牛腿柱：该图包含牛腿柱模板图、配筋图、预埋件详图、钢筋表和说明。

111

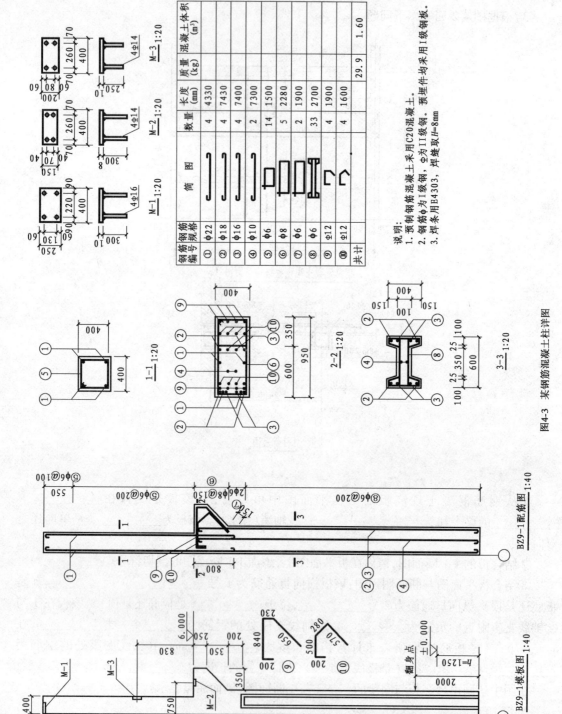

图4-3 某钢筋混凝土柱详图

（1）模板图主要表示柱的外形、尺寸、标高，以及预埋件的位置等，作为制作、安装模板和预埋件的依据。为了防止安装时受损，在模板图中表明柱子施工时 ＿＿＿＿＿＿＿＿＿ 点和 ＿＿＿＿＿＿＿＿＿ 点。

（2）与柱断面图对照识读可知，上柱断面尺寸为 ＿＿＿＿＿＿＿＿＿ × ＿＿＿＿＿＿＿＿＿ ，下柱为 ＿＿＿＿＿＿＿＿＿ 字形柱，其断面尺寸为 ＿＿＿＿＿＿＿＿＿ × ＿＿＿＿＿＿＿＿＿ ，牛腿 2-2 断面处尺寸为 ＿＿＿＿＿＿＿＿＿ × ＿＿＿＿＿＿＿＿＿ ，柱总高为 ＿＿＿＿＿＿＿＿＿ m，牛腿面标高为 ＿＿＿＿＿＿＿＿＿ m，柱子埋入室内地面以下 ＿＿＿＿＿＿＿＿＿ mm，柱子顶端标高为 ＿＿＿＿＿＿＿＿＿ m。柱子上设有 ＿＿＿＿＿＿＿＿＿ 个预埋件，分别在柱子 ＿＿＿＿＿＿＿＿＿ 、＿＿＿＿＿＿＿＿＿ 和上柱侧面，其代号分别为 ＿＿＿＿＿＿＿＿＿ 、＿＿＿＿＿＿＿＿＿ 和 ＿＿＿＿＿＿＿＿＿ 。

（3）柱配筋图包括了 ＿＿＿＿＿＿＿＿＿ 面图、＿＿＿＿＿＿＿＿＿ 面图和 ＿＿＿＿＿＿＿＿＿ 表。上柱放在四角的钢筋为 ＿＿＿＿＿＿＿＿＿ 根 ＿＿＿＿＿＿＿＿＿ 号的 ＿＿＿＿＿＿＿＿＿ 钢筋，从柱顶一直伸入牛腿 ＿＿＿＿＿＿＿＿＿ mm，上柱箍筋编号为 ＿＿＿＿＿＿＿＿＿ ，钢筋为 ＿＿＿＿＿＿＿＿＿ ，加密区为 ＿＿＿＿＿＿＿＿＿ （位于柱顶 ＿＿＿＿＿＿＿＿＿ mm 范围内）。下柱两侧翼缘厚 ＿＿＿＿＿＿＿＿＿ mm，放在四角的钢筋为 ＿＿＿＿＿＿＿＿＿ 根 ＿＿＿＿＿＿＿＿＿ 号的 ＿＿＿＿＿＿＿＿＿ 钢筋，左右两侧翼缘的中间各放了 ＿＿＿＿＿＿＿＿＿ 根 ＿＿＿＿＿＿＿＿＿ 号钢筋 ＿＿＿＿＿＿＿＿＿ ；腹板厚为 ＿＿＿＿＿＿＿＿＿ mm，其中间放了 ＿＿＿＿＿＿＿＿＿ 根 ＿＿＿＿＿＿＿＿＿ 号钢筋，编号为 ＿＿＿＿＿＿＿＿＿ 。下柱主要箍筋的编号为 ＿＿＿＿＿＿＿＿＿ ，少量箍筋的编号为 ＿＿＿＿＿＿＿＿＿ （仅 ＿＿＿＿＿＿＿＿＿ 根）。

（4）牛腿处的钢筋除上柱伸入的 ＿＿＿＿＿＿＿＿＿ 号钢筋和从下柱伸入的 ＿＿＿＿＿＿＿＿＿ 号钢筋外，增配了 ＿＿＿＿＿＿＿＿＿ 与 ＿＿＿＿＿＿＿＿＿ 号钢筋，数量各为 ＿＿＿＿＿＿＿＿＿ ，为 ＿＿＿＿＿＿＿＿＿ 级钢筋。牛腿部分的箍筋为 ＿＿＿＿＿＿＿＿＿ 号钢筋 ＿＿＿＿＿＿＿＿＿ ，共 ＿＿＿＿＿＿＿＿＿ 根。

（5）块预埋件详图：M-1 尺寸为 ＿＿＿＿＿＿＿＿＿ × ＿＿＿＿＿＿＿＿＿ × ＿＿＿＿＿＿＿＿＿ ，下部焊有 ＿＿＿＿＿＿＿＿＿ 根直径为 ＿＿＿＿＿＿＿＿＿ mm 的钢筋，长度 ＿＿＿＿＿＿＿＿＿ mm；M-2 尺寸为 ＿＿＿＿＿＿＿＿＿ × ＿＿＿＿＿＿＿＿＿ × ＿＿＿＿＿＿＿＿＿ ，下面焊有 ＿＿＿＿＿＿＿＿＿ 根直径为 ＿＿＿＿＿＿＿＿＿ mm，长度 ＿＿＿＿＿＿＿＿＿ mm 的钢筋；M-3 尺寸为 ＿＿＿＿＿＿＿＿＿ × ＿＿＿＿＿＿＿＿＿ × ＿＿＿＿＿＿＿＿＿ ，下面焊有 ＿＿＿＿＿＿＿＿＿ 根直径为 ＿＿＿＿＿＿＿＿＿ mm，长度 ＿＿＿＿＿＿＿＿＿ mm 的钢筋。

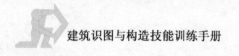

任务4.3 识读房屋结构施工图

子任务 **1.识读和抄绘基础结构平面布置图和基础详图**

     2.识读楼层结构布置图

4.3.1 任 务 书

1)目的

(1)识读和抄绘基础结构平面布置图和基础详图。

(2)能识读楼层结构布置图。

(3)能查阅制图标准与规范。

(4)能按制图规范绘图。

2)内容与要求

(1)识读和抄绘基础结构平面布置图和基础详图

【内容】能正确识读基础结构平面布置图和基础详图,按《建筑结构制图标准》(GB/T 50105—2010)等相关要求,完成基础平面图与基础详图的绘制——抄绘教材附录基础结构平面图。

【要求】独立完成 A3 图纸。线型正确,符合国标要求;线宽合理,分清粗、中、细。布图合理,选用的绘图比例符合要求;标题栏内容齐全。绘图比例:平面图 1:100 或 1:50;详图 1:20。

(2)识读楼层结构平面图

【内容】识读教材附录及本手册附录 2 某厂房结构施工图,完成识图报告。

【要求】识读结构施工图,完成相应的识图报告。

3)应交成果

A3 图纸:基础结构平面布置图和基础详图;识图报告:楼层结构平面图的识图报告。

4)时间要求

课内 + 课后完成。

5)成绩评定办法

成绩评定:技能考核过程评价与成果评价结合,由学生自我评价、小组组长评价(小组成员互评）、教师评价按比例确定总成绩，考核内容详见附表"《建筑识图与构造》技能考核：项目/任务考核评分参考表"。

绘图成果评定标准：

90～100分：布图合理；图形正确，符合投影规律；线型、线宽符合制图标准；尺寸标注完整正确合理；注写工整、图面整洁。

80～90分：图形正确，符合投影规律；线型、线宽基本符合制图标准；尺寸标注完整正确、合理性较好；字体基本符合要求、图面较整洁。

70～80分：图形基本正确，符合投影规律；线型、线宽基本符合制图标准；尺寸标注基本完整；图面较整洁。

60～70分：图形基本正确，基本符合投影规律；线型、线宽不够符合制图标准；尺寸标注不够完整；图面基本整洁。

识图报告成果部分评定标准：按识图报告内容的全面性与正确性进行评价。

4.3.2 指 导 书

1）目的

（1）识读和抄绘基础结构平面布置图和基础详图。

（2）能识读楼层结构布置图。

（3）能查阅制图标准与规范。

（4）能按制图规范绘图。

2）内容与要求

（1）识读和抄绘基础结构平面布置图和基础详图

【内容】 能正确识读基础结构平面布置图和基础详图，按《建筑结构制图标准》（GB/T 50105—2010）等相关要求，完成基础平面图与基础详图的绘图。

抄绘教材附录基础结构平面图。

【要求】 独立完成 A3 图纸。线型正确，符合《房屋建筑制图统一标准》（GB 50001—2010）要求；线宽合理，分清粗、中、细。布图合理，选用的绘图比例符合要求；标题栏内容齐全。

绘图比例：平面图 1:100 或 1:50，详图 1:20。

（2）识读楼层结构平面图

【内容】 识读某厂房结构施工图，完成识图报告。

【要求】 识读结构施工图，完成相应的识图报告。

3）指导

（1）基础图的绘制可根据建筑施工图情况选绘。先识图再绘图，在读懂基础平面图与断面图的基础上再绘图。

绘图要求按《建筑结构制图标准》（GB/T 50105—2010）规定，线宽合理，布图合理；注意平面图与断面图的比例不同，兼顾布图与比例。注意：平面图中剖切位置的标注与相关断面图的对应关系。

（2）认真阅读本手册附录 2 某厂房结构施工图的目录与结构设计总说明、各图纸，并注意图纸与文字对照阅读，基本图与详图对照阅读。

4.3.3　技能训练

班级_____姓名_____学号_____自评_____互评_____师评_____

1）用 A3 图纸，抄绘教材附录基础结构平面图

2）识读本手册附录 2 某厂房结构施工图，完成识图报告

（1）识读基础施工图

①从基础平面图中可以看出，该工程基础形式为_____和_____，独立基础共有四种类型，分别为_____、_____、_____、_____。

②读基础 J-1，从图中可以看出，基础底部尺寸为_____。垫层宽出基础底部_____mm，垫层厚度为_____mm。基底标高为_____m，基础埋深为_____m。基础底部配纵横钢筋网，配筋为_____，基础柱纵筋为_____，柱内钢筋伸入基础内锚固，锚固段弯钩部分长_____mm，基础内设箍筋为_____。

（2）识读柱、墙定位布置平面图和柱施工图

该图中共有_____种类型柱，其中 Z-3 截面尺寸为_____，该柱配筋情况为：－0.050以下主筋和箍筋均参同_____配筋。结合 Z-3 配筋立面图和断面图，该柱一层柱纵筋为_____，二层以上柱纵筋为_____，柱接头在每层楼面以上_____mm 和_____mm 处。一层柱箍筋为_____，－0.050 以上_____mm 箍筋加密，加密区箍筋为_____。二层以上柱箍筋为_____，加密区为各层楼面以上_____mm 内，加密区箍筋为_____。

（3）识读二层梁配筋图

①该施工图梁配筋采用平法标注，从图中可知，该层梁顶标高为_____，框架梁箍筋加密区长度为_____，其中主次梁搭接处采用_____形式加强，附加箍筋为_____。拉筋直径同箍筋，间距为箍筋间距的_____。

②识读⑤轴框架梁配筋图，绘制此框架梁配筋断面图。

（4）识读结施 09，二层结构平面图

本层楼面标高为_____m，与同层建筑标高相比相差_____mm，该楼层楼板厚度为_____mm，卫生间板厚为_____mm，比同楼层楼面低_____mm，未标明板厚为_____mm。该楼板配筋为_____（弯起式或双层双向）配筋，图中板底钢筋为_____，板顶配筋为_____。未标明楼板配筋也为双层双向配筋，板底和板顶均配_____双向钢筋网。当板跨短向_____m 时，其四角应设_____放射负筋，长度取_____，以防止板产生切角裂缝。卫生间板配筋为_____，板编号为_____。

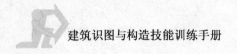

任务4.4　识读房屋结构施工图——平法识图

子任务　识读结构平面图,绘制或识图梁、板、柱配筋图

4.4.1　任 务 书

1)目的

能依据钢筋混凝土平法制图规则,识读梁、板、柱配筋图,明确结构施工图梁、板、柱的配筋情况,为建筑结构(《建筑力学与结构》)的进一步识图打下基础。

2)内容与要求

(1)识读与绘制钢筋混凝土梁施工图

【内容】

①识读教材附录、本手册附录2某厂房结构施工图,读懂梁平法施工图,明确各梁的原位标注与集中标注各项内容的含义,完成识图报告。

②用A3图纸抄绘教材附录结施05中Ⓔ轴线梁(或另选梁)平面图(1∶50或1∶100);结合该梁的平法标注内容,绘制三个梁断面图(按教师指定位置)。

【要求】独立完成识图报告;独立完成梁断面图绘制,A3图纸,平面图(1∶50或1∶100),断面图比例可自定,但要符合国标要求,线宽合理,分清粗、中、细;布图合理。

(2)识读与绘制钢筋混凝土柱施工图

【内容】识读图集11G101-1第11页、12图、本手册附录2某厂房结构施工图,完成识图报告及施工图抄绘。

【要求】独立完成识图报告;抄绘11G101-1第12页KZ2断面图;可直接在本手册给定位置绘图,也可另绘A3图纸,但要符合国标要求;线宽合理,分清粗、中、细;布图合理。

(3)识读与绘制钢筋混凝土板施工图

【内容】阅读教材附录、本手册附录2某厂房结构施工图,明确板内钢筋配筋;完成要求的识图报告。

【要求】独立完成识图报告。

3)应交成果

钢筋混凝土梁、板、柱施工图识图报告;A3图纸:梁平面图与断面图KZ2断面图。

4）时间要求

课内完成＋课外完成。

5）成绩评定办法

成绩评定：技能考核过程评价与成果评价结合，由学生自我评价、小组组长评价（小组成员互评）、教师评价按比例评分确定总成绩，各类评价对象的考核内容详见附表"《建筑识图与构造》技能考核：项目/任务考核评分参考表"。

梁平面图与断面图评定标准：

90～100分：布图合理；图形正确，绘图比例正确；钢筋断面图中对各钢筋的投影表达清楚，不遗漏；符合投影规律；线型、线宽符合制图标准；梁断面尺寸标注完整正确合理；文字工整、图面整洁。

80～90分：布图合理；图形正确，绘图比例正确；钢筋断面图中对各钢筋的投影表达清楚，不遗漏，钢筋标注基本正确；符合投影规律；线型、线宽符合制图标准；梁断面尺寸标注完整正确合理；文字工整、图面整洁。

70～80分：布图合理；图形轮廓正确，按比例绘图；钢筋断面图中对各钢筋的投影表达基本正确，遗漏或错误的钢筋不超过2根，钢筋标注基本正确；符合投影规律；线型、线宽基本符合制图标准；梁断面尺寸标注正确；文字工整、图面较整洁。

60～70分：布图基本合理；图形轮廓正确，基本按比例绘图；钢筋断面图中对各钢筋的投影表达基本正确，遗漏或错误的钢筋不超过2根（包括标注）；符合投影规律；线型正确；梁断面尺寸标注正确；文字基本工整、图面较整洁。

识图报告成果部分评定标准：按识图报告内容的全面性与正确性进行评价。

4.4.2 指 导 书

1)目的

能依据钢筋混凝土平法制图规则,识读梁、板、柱配筋图,明确结构施工图梁、板、柱的配筋情况,为建筑结构(《建筑力学与结构》)的进一步识图打下基础。

2)内容与要求

(1)识读与绘制钢筋混凝土梁施工图

【内容】

①识读教材附录及本手册附录2某厂房结构施工图,读懂梁平法施工图,明确各梁的原位标注与集中标注各项内容的含义,完成识图报告。

②用A3图纸抄绘教材附录结施05中Ⓔ轴线梁(或另选梁)平面图(1:50或1:100);结合该梁的平法标注内容,绘制三个梁断面图(按教师指定位置)。

【要求】 独立完成识图报告;独立完成梁断面图绘制,A3图纸,平面图(1:50或1:100),断面图比例可自定,但要符合国标要求,线宽合理,分清粗、中、细;布图合理。

(2)识读与绘制钢筋混凝土柱施工图

【内容】 识读图集11G101-1第11页12图、本手册附录2某厂房结构施工图的柱平法施工图,完成识图报告及施工图抄绘。

【要求】 独立完成识图报告;抄绘11G101-1第12页KZ2断面图;可直接在本手册给定位置绘图,也可另绘A3图纸,但要符合国标要求;线宽合理,分清粗、中、细;布图合理。

(3)识读与绘制钢筋混凝土板施工图

【内容】 阅读教材附录及本手册附录2某厂房结构施工图,明确板内钢筋配筋;完成要求的识图报告。

【要求】 独立完成识图报告。

3)指导

(1)在识图前先理解与掌握"钢筋混凝土构件的平面整体表示法"的制图规则。

(2)按制图规则逐项搞清施工图中各项内容的含义,完成识图报告。

(3)在读懂梁、板、柱施工图的基础上,再绘图。

(4)在识读梁配筋图时,要注意与建筑图和基础图的对照;明确该层框架梁的类型,各梁的编号、跨数、有无悬挑、断面尺寸、梁中箍筋、梁上部及下部通长钢筋。了解该层框架梁标高情况。

(5)在识读柱平面施工图时,要注意柱网建筑图、基础图的对照;明确柱的类型,各柱段起止标高、几何尺寸、柱配筋数值等。

(6)在识读板平面施工图时,注意与建筑图、基础图的对照,明确板下结构情况;明确该层楼板(或屋面板)的数量与类型,明确每板块的上部、下部贯通纵筋的配置情况,板支座上部非贯通纵筋的配置情况,并注意对称或不对称的尺寸标注。

4.4.3　技能训练

班级＿＿＿＿　姓名＿＿＿＿　学号＿＿＿＿　自评＿＿＿＿　互评＿＿＿＿　师评＿＿＿＿

1）识读梁配筋图

（1）识读本手册附录2某厂房结构施工图中的梁配筋图，在表4-1中填写有关梁集中标注的各项含义

梁集中标注的各项含义　　表4-1

集中标注梁		跨数（跨）及悬挑	梁截面尺寸	梁箍筋				梁上部通长筋或架立筋			梁下部通长筋或架立筋			构造筋或受扭筋	梁顶面标高高差（m）	备注
构件代号	序号			级别（材料）	直径（mm）	肢数	间距（加密区/非加密区）（mm）	数量	级别	直径（mm）	数量	级别	直径（mm）			

（2）识读本手册附录2某厂房结构施工图中的梁配筋图，在表4-2中填写有关梁原位标注的各项含义

梁原位标注的各项含义　　表4-2

图中位置	原位标注内容	钢筋位置	数量	级别	直径（mm）
轴线梁					

注：表4-1、表4-2按需添加；表4-2钢筋位置中注明上或下部钢筋，若上（或下）部钢筋超过一排等，识图时，应将梁集中标注与原位标注结合识读。

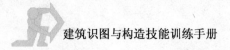

2)识读本手册附录 2 某厂房结构施工图各梁的平法标注内容

3)识读本手册附录 2 某厂房结构施工图,梁配筋图,用 A3 图纸选绘一根梁的平面图(1∶50 或 1∶100);结合该梁的平法标注,选择绘制三个梁断面图(按教师指定位置)

4)柱平法施工图制图规则

(1)柱平法施工图是在柱平面布置图上采用_____注写方式或_____注写方式表达。

(2)列表注写方式是在柱平面布置图上,分别在同一编号的柱中选择一个(有时需要选择几个)截面标注几何参数代号;在柱表中注写_____、_____、_____(含柱截面对轴线的偏心情况)与_____的具体数值,并配以各种_____及其_____图的方式,来表达柱平法施工图。

(3)柱列表注写方式中,注写各段柱的起止标高,自柱_____部往上以_____位置或截面未变但_____处为界分段注写;柱纵筋分_____、截面_____筋和_____筋三项分别注写(对于采用对称配筋的矩形截面柱,可仅注写一侧中部筋,对称边省略不注)。注写柱箍筋,包括_____、_____与_____。当为抗震设计时,用斜线"/"区分柱端箍筋_____与柱身_____长度范围内箍筋的不同间距。

(4)截面注写方式是在分标准层绘制的柱平面布置图的柱截面上,分别在同一编号的柱中选择一个截面以直接注写_____和_____的方式来表达柱平法施工图。

5)识读图集 11G101-1 第 12 页图

KZ1 是指 1 号框架柱。该柱的 19.470 ~ 37.470 段,柱断面尺寸为_____ ×_____,其中 h 方向的轴线偏心,h_1 =_____ mm,h_2 =_____ mm。角筋为 4 Φ 22,即_____根直径为_____ mm 的_____级钢筋;b 边一侧中部筋为_____;h 边一侧中部筋为_____。箍筋类型号为_____ ×_____,箍筋为_____,即直径为_____ mm 的_____级钢筋,各箍筋中心距为加密区_____ mm,非加密区_____ mm。

6)识读本手册附录 2 某厂房结施 04、07

结施 04 图名为_____,比例_____。此段共有_____种类型的柱,分别为_____。该厂房 1 号柱位于_____号轴线上,其中 Z7 的柱顶标高为_____ m,Z7 的断面尺寸为_____ ×_____,①轴线处该柱截面对轴线的偏心情况:b_1 =_____ mm,b_2 =_____ mm,h_1 =_____ mm,h_2 =_____ mm;⑨轴线处 Z4 柱截面对轴线相对位置情况:b_1 =_____ mm,b_2 =_____ mm,h_1 =_____ mm,h_2 =_____ mm。Z4 下部断面尺寸为_____ ×_____,配筋:纵筋为_____根直径为_____的_____级钢筋,箍筋为_____,各箍筋中心距加密区_____ mm,非加密区_____ mm。同理识读其他各柱。

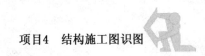

7)识读本手册附录 2 某厂房结构施工图,选绘一根柱的断面图(比例自定)

8)板平法施工图制图规则

(1)有梁楼盖板的平法施工图是在楼面板和屋面板布置图上,采用_____的表达方式。板平面标注主要包括_____标注与板_____标注。板块集中标注的内容为_____、_____、_____,以及当楼面标高不同时的_____;板支座原位标注的内容为:板支座上部_____和纯悬挑板_____钢筋。

(2)识读 11G101-1 第 41 页(有梁楼盖平法施工图),该建筑的 15.870 ~ 26.670 板,该建筑共有_____类板块,分别为_____、_____、_____、_____、_____。其中 LB5 板厚_____ mm,B 表示下部贯通筋,从左到右方向为_____,从下至上方向为_____;板支座上部非贯通筋有多根,如③ϕ12@120 的含义为_____,1800 表示该钢筋对称布置_____ mm。

项目5　施工图综合识图

任务5.1　施工图综合识图

任务5.1　施工图综合识图

子任务　1.建筑施工图识图
　　　　2.结构施工图识图

5.1.1　任务书

1)目的

(1)能正确对照识读建筑施工图中的各相关图纸。

(2)能按规范正确补绘剖面图。

(3)能正确对照识读结构施工图中的各相关图纸。

(4)能将建筑施工图和结构施工图对照识图,想象建筑物整体。

2)内容与要求

(1)建筑施工图识图

【内容】识读教师指定的实际工程施工图的建筑施工图,完成相应识图报告、补绘建筑剖面图。

【要求】识读建筑施工图,完成相应的识图报告,补绘建筑剖面图。

绘制指定位置剖面图;线型正确,符合《房屋建筑制图统一标准》(GB 50001—2010)要求;线宽合理,分清粗、中、细;布图合理,选用的绘图比例符合要求;标题栏内容齐全。

绘图比例:平面图1:100 或1:50,详图1:20。

(2)结构施工图识图

【内容】识读教师指定的实际工程施工图的结构施工图,完成相应的识图报告。

【要求】识读结构施工图,完成相应的识图报告。

3)应交成果

(1)图纸:指定位置的剖面图。

(2)识图报告:建筑施工图、结构施工图识图报告。

4)时间要求

课内 + 课后完成。

5）成绩评定办法

成绩评定:技能考核过程评价与成果评价结合,由学生自我评价、小组组长评价(小组成员互评)、教师评价按比例评分确定总成绩,各类评价对象的考核内容详见附表"《建筑识图与构造》技能考核:项目/任务考核评分参考表"。

绘图成果评定标准:

90～100分:布图合理;图形正确,符合投影规律;线型、线宽符合制图标准;尺寸标注完整正确合理;注写工整、图面整洁。

80～90分:图形正确,符合投影规律;线型、线宽基本符合制图标准;尺寸标注完整正确、合理性较好;字体基本符合要求、图面较整洁。

70～80分:图形基本正确,符合投影规律;线型、线宽基本符合制图标准;尺寸标注基本完整;图面较整洁。

60～70分:图形基本正确,基本符合投影规律;线型、线宽不够符合制图标准;尺寸标注不够完整;图面基本整洁。

识图报告成果部分评定标准:按识图报告内容全面性与正确性进行评价。

5.1.2　指　导　书

1）目的

（1）能正确对照识读建筑施工图中的各相关图纸。

（2）能按规范正确补绘剖面图。

（3）能正确对照识读结构施工图中的各相关图纸。

（4）能对建筑施工图和结构施工图对照识图，想象建筑物整体。

2）内容与要求

（1）建筑施工图识图

【内容】识读教师指定的实际工程施工图的建筑施工图，完成相应识图报告、补绘建筑剖面图。

【要求】识读建筑施工图，完成相应的识图报告，补绘建筑剖面图。

绘制指定位置剖面图；线型正确，符合《房屋建筑制图统一标准》（GB 50001—2010）要求；线宽合理，分清粗、中、细；布图合理，选用的绘图比例符合要求；标题栏内容齐全。

绘图比例：平面图 1:100 或 1:50，详图 1:20。

（2）结构施工图识图

【内容】识读教师指定的实际工程施工图的结构施工图，完成相应的识图报告。

【要求】识读结构施工图，完成相应的识图报告

3）应交成果

（1）图纸：指定位置的剖面图。

（2）识图报告：建筑施工图、结构施工图识图报告。

4）识图方法与步骤指导

（1）识读方法

识读建筑工程施工图的一般方法是"总体了解、顺序识读、前后对照、重点细读"。对全套图样来说，先看目录、说明，再看建筑施工图、结施工图和设备施工图。对每一张图样来说，先看标题栏、文字，再看图样。对各专业图样来说，先看建筑施工图，再看结构施工图和设备施工图。对建筑施工图来说，先看平面图、立面图、剖面图，再看详图。对结构施工图来说，先看基础图、结构平面布置图，再看构件详图。对设备施工图来说，先看平面图、系统图，再看详图。

（2）识读步骤

①总体了解一般先看图纸目录、设计说明和总平面图，了解工程概况，如工程设计单位，建设单位，新建房屋的位置、高程、朝向、周围环境等。对照目录检查图纸是否齐全，采用了哪些

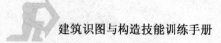

标准图集并备齐这些标准图。

②由粗到细、按顺序识读在总体了解建筑物的概况以后,根据图纸编排和施工的先后顺序从大到小、由粗到细,按建筑施工图、结构施工图、设备施工图的顺序仔细阅读有关图纸。

③建筑施工图。看各层平面图,了解建筑物的功能布局以及建筑物的长度、宽度、轴线尺寸等。看立面图和剖面图,了解建筑物的层高、总高、立面造型和各部位的大致做法。平面图、立面图、剖面图看懂后,要能大致想象出建筑物的立体形象和空间组合。看建筑详图,了解各部位的详细尺寸、所用材料、具体做法,引用标准图集的应找到相应的节点详图阅读,进一步加深对建筑物的印象,同时考虑如何进行施工。

④结构施工图。通过阅读结构设计说明了解结构体系、抗震设防烈度以及主要结构构件所采用的材料等有关规定后,按施工先后顺序依次从基础结构平面布置图开始,逐项阅读各标高楼面、屋面结构平面布置图和结构构件详图。了解基础形式,埋置深度,墙、柱、梁、板等的位置、尺寸、配筋、标高和构造等。

⑤前后对照、重点细读时,要注意平面图、立面图、剖面图对照读,平面图、立面图、剖面图与详图对照读,建筑施工图和结构施工图对照读,土建施工图和设备施工图对照读,做到对整个工程心中有数。根据工种的不同,对相关专业施工图的新构造、新工艺、新技术要重点仔细阅读,并将遇到的问题记录下来,及时与设计部门沟通。

要想熟练地识读施工图,除了要掌握投影原理、熟悉国家制图规范和有关标准图集外,还必须掌握各专业施工图的用途、图示内容和表达方法。

5.1.3   技 能 训 练

班级_____姓名_____学号_____自评_____互评_____师评_____

（1）识读本手册附录2某厂房建筑施工图与结构施工图（按老师指定的实际工程图），自行撰写识图报告。注意按照：总体了解、顺序识读、前后对照、重点细读的读图思路来写。要求体现读图思路，尽可能理清晰，内容完整，重点突出。

（2）在识图基础上，按老师指定的剖切位置，补绘剖面图（A2或A3图纸，比例与建筑平面图、建筑立面图一致）。

项目6 施工图审图

任务6.1 施工图审图

任务6.2 施工图会审（会审模拟、撰写施工图

会审纪要）

任务 6.1 施工图审图

6.1.1 任 务 书

1)目的

(1)能读懂施工图。

(2)能找出施工图中的错误。

2)内容与要求

【内容】认真阅读与审核本手册附录1某传达室结构施工图,将图中前后矛盾、违反规范及存在错误等问题进行记录,形成施工图审图记录。

【要求】

(1)读施工图,重点找建筑施工图中有关的错误和问题,在图纸中标记,并做好记录。

(2)读施工图,重点找结构施工图中有关错误和问题,在图纸中标记,并做好记录。

3)应交成果

施工图审图记录。

4)时间要求

课内完成。

5)成绩评定办法

成绩评定:技能考核过程评价与成果评价结合,由学生自我评价、小组组长评价(小组成员互评)、教师评价按比例评分确定总成绩,各类评价对象的考核内容详见附表"《建筑识图与构造》技能考核:项目/任务考核评分参考表"。

成果评定标准:

90~100 分:认真读图,记录的问题完整,书写思路清晰。

80~90 分:认真读图,记录的问题基本完整,书写基本清楚。

70~80 分:读图态度良好,记录的问题基本完整,书写条理基本清楚。

60~70 分:读图态度一般,记录了部分内容,书写条理一般。

参见本手册附录1某传达室施工图。

6.1.2 指 导 书

1）目的

（1）能读懂施工图。

（2）能找出施工图中的错误。

2）内容与要求

【内容】 认真阅读与审核本手册附录1某传达室结构施工图,将图中前后矛盾、违反规范及存在错误等问题进行记录,形成施工图自审记录。

【要求】

（1）读施工图,重点找建筑施工图中有关的错误和问题,在图纸中标注,并做好记录。

（2）读施工图,重点找结构施工图中有关错误和问题,在图纸中标注,并做好记录。

3）指导

读建筑施工图部分:

（1）施工总说明中的有关问题:选用规范方面的问题、材料的选择和施工工艺的合理性等问题。

（2）图纸规范方面问题:图名、比例、图线、图例、符号代号、标注等。

（3）找前后图矛盾的问题:平面图、立面图、剖面图、详图间的矛盾问题,详图索引符号和详图符号间的对应关系问题。

（4）找绘图投影关系错误问题:投、降方向、投影图线错误、遗漏等问题。

读结构施工图部分:

（1）图纸规范方面问题:图名、比例、图线、图例、符号代号、标注等。

（2）找前后图矛盾的问题:基础平面布置图与基础详图间、楼层结构布置图与梁、柱布置图及详图间的矛盾问题,基本图与详图件的构件代号对应关系问题等。

（3）找与建筑施工图相互矛盾的问题,对照建筑施工图,找出构件的标高、位置、尺寸等有矛盾的问题。

（4）找绘图投影关系错误问题:投、降方向、投影图线错误、遗漏等问题。

注:整个过程应该前后图纸对照读图和查找问题。

4）成果要求

施工图审图记录:要求列出施工图存在的错误与问题,尽量详细说明图样名称和具体位置,说清存在何种具体错误和疑问,以及改进建议等;要求文字书写清楚。

6.1.3 技能训练

班级_____姓名_____学号_____自评_____互评_____师评_____

1)识读本手册附录1某传达室结构施工图的建筑施工图,找出错误之处,并记录

2)识读本手册附录1传达室结构施工图,找出错误之处,并记录

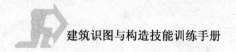

任务 6.2　施工图会审（会审模拟、撰写施工图会审纪要）

6.2.1　任　务　书

1）目的

（1）明确施工图会审的作用意义、步骤程序。能按完成施工图会审程序进行图纸会审（模拟）。

（2）熟悉施工图会审的会议纪要格式，能根据会审模拟作会议纪要。

（3）提高口头表达能力、沟通交流能力、合作精神等。

2）内容与要求

【内容】 在施工图自审的基础上，明确施工图纸会审纪要的作用、意义和施工图纸会审会的常规程序的基础上，进行施工图纸会审模拟，完成施工图纸会审模拟纪要。

【要求】 符合会议纪要的格式要求，记录要点完整、条理清楚、字体工整。

3）应交成果

施工图图纸会审纪要。

4）时间要求

课内完成。

5）成绩评定办法

成绩评定：技能考核过程评价与成果评价结合，由学生自我评价、小组组长评价（小组成员互评）、教师评价按比例评分确定总成绩，各类评价对象的考核内容详见附表《建筑识图与构造》技能考核：项目/任务考核评分参考表"。

成果评定标准：

90～100分：积极参与讨论，记录的问题完整，书写思路清晰。

80～90分：参与讨论，记录的问题基本完整，书写条理基本清楚。

70～80分：课堂学习态度好，认真作记录，书写条理基本清楚。

60～70分：读图态度一般，记录了部分内容，书写条理一般。

6.2.2　指导书

1）目的

（1）明确施工图会审的作用意义、步骤程序，能按完成施工图会审程序进行模拟。

（2）熟悉施工图会审的会议纪要格式，能根据会审模拟做会议纪要。

（3）提高口头表达能力、沟通交流能力、合作精神等。

2）内容与要求

【内容】在施工图自审的基础上，明确施工图纸会审纪要的作用、意义和施工图纸会审会的常规程序的基础上，进行施工图纸会审模拟，完成施工图纸会审模拟纪要。

【要求】符合会议纪要的格式要求，记录要点完整，条理清楚，字体工整。

3）成果要求

施工图图纸会审纪要（格式可参考以下某办公楼图纸会审纪要）。

4）指导

（1）分组

按学生小组分组。

（2）意义

可有效消除由于设计原因而造成的质量事故隐患、大大减少工程变更或返工量，从而有效地节约工程投资，另外，工程变更和返工工作量的减少，对工程施工进度也提供了有效保障。

（3）参与单位

一般来说，在工程即将开工以前建设单位均要组织相关参建单位进行工程施工图会审，图纸会审参加单位为建设单位、设计单位、施工单位、监理单位及相关单位。

（4）模拟

结合 PPT 演示真实会审场景，学生各小组模拟图纸会审各参加单位进行图纸模拟会审，各单位代表发言，其他成员补充提问或回答。

（5）会议纪要举例参考

×× 燃油锅炉厂
办公楼图纸会审纪要

会议参加单位：××燃油锅炉厂、××建筑设计有限公司、××监理公司、××建设有限公司

会议地点:××燃油锅炉厂会议室

会议时间:2010 年 5 月 5 日

工程图纸:××燃油锅炉厂办公楼图纸

问题与建议:

(1)建筑设计总说明第八条,建议明确钢丝网(钢板网)型号。

回答:必须采用标准钢丝网。 类别:设计不明确。

(2)建筑设计总说明第十二条,建议明确留洞不同墙厚者做何处理?

回答:同留洞等墙做法。 类别:从保证施工质量考虑,要求设计加强。

(3)建筑设计总说明第十四条,建议外墙线条、露台等涉及易受雨水溅撒或浸泡部位用素混凝土上翻250mm 高。

回答:同意以上建议。 类别:从保证施工质量考虑,要求设计加强。

(4)建筑设计总说明第二十六条,加强卫生间墙面的防水措施,并明确采用 JS,宿舍楼1.8m 高,公共场所0.4m(JS 防水效果不是很好,且很容易被破坏,建议采用橡胶沥青防水,并且瓷砖采用湿贴＋防水剂相结合方式)。

回答:同意。 类别:从保证施工质量考虑,要求设计加强。

(5)建施12:A-A 剖面图中标高7.200 应改为7.000。 类别:设计标注错误。

(6)1 号楼梯剖面图:2.128m 标高3.80 段,12×152 =1824 错误。

回答:改为 11×152 =1672。 类别:设计标注错误。

(7)建施14:1 号楼梯二层平面图,11×280 =3080 错误。

回答:改为 10×300 =3000。 类别:设计标注错误。

(8)建施14:1 号楼梯三、四平面图中标高7.200m 不对?

回答:应改为7.000m。 类别:设计标注错误。

(9)建施15:2 号楼梯剖面图中标高7.200m 不对。

回答:应改为7.000m。 类别:设计标注错误。

(10)建施17:节点④五层标高13.40~16.200 段高差?

回答:节点④五层标高13.40~16.20m 段高差为2800mm。 类别:设计标注错误。

(11)建施17:根据规范,多层建筑阳台栏杆净高不小于1050mm 即可,从楼地面算起,满足阳台栏杆净高1050mm 即可,是否改为1050mm?

回答:同意多层建筑阳台栏杆净高1050mm。 类别:从节约工程成本考虑。

(12)结施11:说明①中明确未注明板厚均为多少?③中明确阴影部分板厚是多少?未注明板厚均为多少? 没有明确。

回答:说明①中明确未注明板厚均为120mm,③中明确阴影部分板厚是120mm,未注明板厚均为120mm。 类别:设计不明确。

(13)董事长办公室卫生间Ⓑ轴梁顶标高大于板面标高40mm？梁降低做法节点图处理。

回答：Ⓑ轴梁顶标高高于板面标高40mm，梁降低做法节点图处理。类别：设计不明确。

(14)考虑本工程平屋面保温材料采用挤塑聚苯板，该材料具有出色的保温功能［导热系数小于0.033W/(m·K)］、优越的抗湿性(体积吸水率小于等于1.5%)和高度的挤压强度，建议采用倒置式屋面，有效提高屋面防水及保温性能。

回答：同意。类别：从保证施工质量考虑，要求设计单位改变设计(造成该问题是由于设计缺乏现场施工方面的经验)。

(15)地下室墙后浇带、止水带如何设置？

回答：由设计出详图。类别：设计考虑不周。

(16)请设计明确地下室墙施工缝设置？水平施工缝、后浇带增加止水钢板如何设置？

回答：具体节点做法由设计另外出设计联系单。类别：设计考虑不周。

(17)建筑施工图与结构施工图地下室高程有差异，位于Ⓑ~Ⓒ轴、②~③轴中②轴洞口结构施工图与建筑施工图位置不同？

回答：全部按结构施工图施工，排水沟、吸水槽位置不变，按结构施工图施工。类别：结构施工图和建筑施工图矛盾。

(18)墙体粉煤灰砖，是否改为页岩多孔砖，请建设单位确定。

回答：考量节能要求，同意采用页岩多孔砖。类别：设计没有错误，建设单位单方面提出材料变换要求，涉及成本增加。

会签：

(1)××燃油锅炉厂：×××
　　　　　(签章)

(2)××建筑设计有限公司：×××
　　　　　(签章)

(3)××监理公司：×××
　　　　　(签章)

(4)××建设有限公司：×××
　　　　　(签章)

　　　　　　　　　　　　　　××监理公司
　　　　　　　　　　　　　　锅炉厂项目监理部
　　　　　　　　　　　　　　2010/5/10

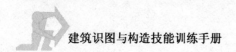

6.2.3 技能训练

班级_____姓名_____学号_____自评_____互评_____师评_____

××门房施工图会审纪要	
会议参加单位	
会议地点	
会议时间	
工程图纸	

问题与建议：

（注：若此页写不下可另加附页）

会签：
　　1.　　　　　　　　　　　　　2.

　　3.　　　　　　　　　　　　　4.

整理单位：
整理时间：

项目7　房屋建筑设计（实训）

任务7.1　新农村独院式住宅楼（别墅）设计

任务7.1　新农村独院式住宅楼（别墅）设计

7.1.1　任务书

1）实训（习）项目名称

新农村独院式住宅楼（别墅）设计。

2）实习任务分析（或实训目的）

（1）实训目的

通过《建筑识图与构造》学习和《房屋建筑设计》实训,让学生进一步了解一般民用建筑设计原理和方法,初步掌握建筑施工图设计的技能,培养学生综合运用设计原理去分析问题、解决问题的综合能力,从而进一步熟悉识图技巧,提高学生的识图能力。

（2）实训任务

本次课程设计的任务如下:

①内容。小康型住宅楼建筑设计,满足21世纪初现代化家居生活要求。

②规划要求。本建筑属东阳市某郊区私人住宅,建筑红线30m×30m。建筑占地面积为120～150m² 之间,四周均为空地,南边有一道路。檐口标高10.300m,室内首层地面为±0.000m 标高处,室内外地面高差0.6m,各层层高自定,屋面坡度1:2。详见图7-1所示。

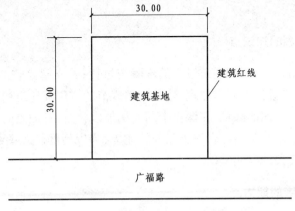

图 7-1

③设计条件。拟于小区某地段建设一幢住宅,总面积控制在550m² 以内,适合现代家居生活,基地环境自拟。参考标准如下。

层数:三层半;耐火等级:Ⅱ级;屋面防水等级:Ⅱ～Ⅲ级。

结构类型:自定(砖混或框架)。

房间组成及要求(参考),功能空间低限面积标准如下:

起居室 18~25m²(含衣柜面积);主卧室 12~16m²;双人次卧室 12~14m²;单人卧室 8~10m²;餐厅≥8m²;门厅 2~3m²;工作室 6~8m²;储藏室 2~4m²(吊柜不计人);厨房≥6m²;可设灶台、调理台、洗地台、搁置台、上柜、下柜、抽油烟机等;车库≥16m² 以停放私家车为准;卫生间 4~6m²(双卫可适当增加),可设浴盆、淋浴器、洗脸盆、坐便器、镜箱、洗衣机位、排风道、机械排气等。

④图纸组成:

a.设计总说明、总平面图:比例 1:500。

b.建筑平面图:包括底层平面、标准层平面图和屋顶平面图比例 1:100。

c.建筑立面图:包括正立面、背立面或侧立面图,比例 1:100。

d.建筑剖面图;1~2 个,比例 1:100。

e.建筑详图:表示局部构造的详图,如楼梯详图(必画)、外墙身详图(必画)、门窗详图等;比例自定。

⑤分组要求。各班级按人数分成若干小组,每组人数应为 6~8 人。每一小组设一小组长,负责召集本组成员共同讨论设计方案及出勤考核。同一小组成员的桌椅拉到一起围成一圈。同一小组内的设计成果可以相同,鼓励个人有局部创新,有创新者视情况在成绩中加分。不同小组的设计方案严禁相同,如发现相同则两小组的成员的成绩均为不及格。

⑥纪律要求。在课程设计期间,每位同学应严格遵守学院的各项规章制度,要准时参加晨跑、早自修及晚自修,早上四节课下课铃声响后方可去吃饭,下午要求上两节课,两节课后可到图书馆等地方查相关资料,晚自修准时参加。组长每节课点名,课代表每天上报出勤情况,指导教师每天随机抽查一次以上,如果累计三次点名不到者成绩计不及格,如有事请假制度按照学院规定章程执行。

3)实训(习)应掌握的知识点

通过进行小型建筑设计,了解建筑设计的步骤与过程;建立起完整的房屋建筑概念,树立空间思维观念;理解建筑设计的基本原理、建筑制图规范的应用及建筑构造做法等问题。同时结合力学、施工、材料等方面的知识,在课程中用实例加以分析,对抽象的理论性知识有一具体的、感性的理解和掌握,培养学生综合解决问题的能力,为以后的施工图综合识图以及图纸审查等能力的培养奠定必要的专业基础。

4)实训(习)应训练的能力点

(1)培养学生制图规范训练及手工制图的能力。

(2)培养学生建筑材料的选用能力。

(3)培养学生房屋建筑构造及节点详图绘制的能力。

(4)培养学生理论知识与工程实际联系的能力。

5）实训（习）安排计划（或日程表）（表7-1）

实训（习）安排计划（或日程表）　　　　　　　　　　表7-1

时间	实习地点	备　注
周一	各班教室	完成平面图、立面图、剖面图设计草稿审核并绘制平面图
周二	各班教室	绘制各层平面图
周三	各班教室	绘制立面图、剖面图
周四	各班教室	绘制剖面图和墙身、楼梯节点详图
周五	各班教室	绘制建筑设计总说明、总平面图，完成图纸修改、出图、装订、书写设计总结

6）主要仪器设备名称型号或工具

丁字尺、三角板、绘图板、铅笔、橡皮、小刀等。

7）注意事项

（1）各小组设计的初稿须在周日前完成经指导老师认可后可进行下一步设计。

（2）各小组成员要及时沟通设计思路，要求全员参与，避免出现个别同学不参与讨论而直接抄袭组员成果的现象。

（3）设计时严禁组与组间的成员来回嬉闹，组员间可小声讨论，声音应控制在本组成员听到为宜。

8）应交成果与成绩评定

（1）应交成果：施工图首页、总平面图、各层平面图、屋顶平面图、正立面图、侧立面或背立面、剖面图、节点详图以及实训总结（1000字以上）。

（2）成绩评定：分两部分考核，以图纸部分为主。

①图纸部分评分标准共分为五级

优：内容完整，建筑构造合理，投影关系正确，图面工整，符合制图标准，图纸无明显错误。

良：根据上述标准有一般性小错误，图面基本工整，小错误在10个以内。

中：根据上述标准，没有大错误，小错误累计在15个以内，图面表现一般。

及格：根据上述标准，一般性错误累计15个以上者，或有两个原则性大错误，图面表现较差。

不及格：有三个以上原则性大错误：定位轴线不对，剖面形式及空间关系处理不对，结构支承搭接关系不对，建筑构造处理不合理，图纸内容不齐全；平、立、剖面图及详图不协调。

②实训总结部分评分标准共分为五级

优：结合自己一个星期的设计绘图工作，与同组成员之间的相互交流，内容真实，体会深刻。字体标准（长仿宋字）页面清楚。

良：字体标准，页面清楚，但体会不深刻。

中：字体不是很标准，页面不是很干净，体会一般。

及格：体会与别人雷同，页面模糊，字体不标准。

不及格：不写体会或者寥寥数语，应付了事。

注：考勤3次不到者不及格。

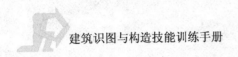

7.1.2 指 导 书

1）目的与要求

住宅是供家庭日常居住使用的建筑物，是人们为满足家庭生活需要，利用自己掌握的物质技术手段创造的人造环境。因此，设计人员应首先研究家庭结构、生活方式、习惯以及地方特点，然后通过多种多样的空间组合方式设计出满足不同生活要求的住宅。

为保障城市居民基本的住房条件，提高城市住宅功能质量，应使住宅设计符合适用、安全、卫生、经济等要求。

本次课程设计是为了培养学生综合运用所学理论知识和专业知识，解决实际工程问题能力的最后一个重要教学环节，师生都应当充分重视。为了使大家进一步明确设计的具体内容及要求，特作如下指导。

（1）目的

①通过该次设计能达到系统巩固并扩大所学的理论知识与专业知识，使理论联系实际。

②在指导教师的指导下能独立解决有关工程的建筑施工图设计问题，并能表现出有一定的科学性与创造性，从而提高设计、绘图、综合分析问题与解决问题的能力。

③了解在建筑设计中，建筑、结构、水、暖、电各工种之间的责任及协调关系，为走上工作岗位，适应我国安居工程建设的需要，打下良好的基础。

（2）要求

学生应严格按照指导老师的安排有组织、有秩序地进行本次设计。先经过老师讲课辅导、答疑以后，学生自行进行设计，完成主要工作以后，在规定的时间内再进行答疑、审图后，每位学生必须将全部设计图纸加上封面装订成册。

2）设计图纸内容及深度

在选定的住宅设计方案基础上，进行建筑施工图设计，要求 3 号图纸有 10 张左右或 2 号图纸 5 张左右，具体内容如下：

（1）施工图首页和总平面图

建筑施工图首页一般包括：图纸目录、设计总说明、总平面图、门窗表、装修做法表等。总说明主要是对图样上无法表明的和未能详细注写的用料和做法等的内容作具体的文字说明。

总平面图主要是表示出新建房屋的形状、位置、朝向、与原有房屋及周围道路、绿化等地形、地物的关系。要求绘出场地周边 100m 范围的环境情况（环境自拟）。可看出与新建房屋室内、底层地坪的设计标高 ±0.000 相当的绝对标高，单位为米。

（2）建筑平面图

应标注如下内容：

①外部尺寸。如果平面图的上下、左右是对称的，一般外部尺寸标注在平面图的下方及左侧，如果平面图不对称，则四周都要标注尺寸。外部尺寸一般分三道标注：最外面的一道是外包尺寸，表示房屋的总长度和总宽度；中间一道尺寸表示定位轴线间的距离；最里面一道尺寸，表示门窗洞口、门或窗间墙、墙端等细部尺寸。底层平面图还应标注室外台阶、花台、散水等尺寸。

②内部尺寸。包括房间内的净尺寸、门窗洞、墙厚、柱、砖垛和固定设备（加厕所、盥洗、工作台、搁板等）的大小、位置及墙、柱与轴线的平面位置尺寸关系等。

③纵、横定位轴线编号及门窗编号。门窗在平面图中，只能反映出它们的位置、数量和洞口宽度尺寸，窗的开启形式和构造等情况是无法表达的。每个工程的门窗规格、型号、数量都应有门窗表说明，门代号用 M 表示，窗代号用 C 表示，并加注编号以便区分。

④标注房屋各组成部分的标高情况，如室内、外地面、楼面、楼梯平台面、室外台阶面、阳台面等处都应当分别注明标高。对于楼地面有坡度时，通常用箭头加注坡度符号表明。

⑤从平面图中可以看出楼梯的位置、楼梯间的尺寸，起步方向、楼梯段宽度、平台宽度、栏杆位置、踏步级数、楼梯走向等内容。

⑥在底层平面图中，通常将建筑剖面图的剖切位置用剖切符号表达出来。

⑦建筑平面图的下方标注图名及比例，底层平面图应附有指北针表明建筑的朝向。

⑧建筑平面中应表示出各种设备的位置、尺寸、规格、型号等，它与专业设备施工图相配合供施工等用，有的局部详细构造做法用详图索引符号表示。

（3）屋顶平面图和楼梯屋面图

应表明屋面排水分区、排水方向、坡度、檐沟、泛水、雨水下水口、女儿墙等的位置。

（4）建筑立面图

反映出房屋的外貌和高度方向的尺寸。

①立面图上的门窗可在同一类型的门窗中较详细地各画出一个作为代表，其余用简单的图例表示。

②立面图中应有三种不同的线型；整幢房屋的外形轮廓或较大的转折轮廓用粗实线表示；墙上较小的凹凸（如门窗洞口、窗台等）以及勒脚、台阶、花池、阳台等轮廓用中实线表示；门窗分格线、开启方向线、墙面装饰线等用细实（虚）线表示；室外地坪线可用比粗实线稍粗一些的实线表示，尺寸线与数字均用细实线表示。

③立面图中外墙面的装饰做法应有引出线引出，并用文字简单说明。

④立面图在下方中间位置标注图名及比例。左右两端外墙均用定位轴线及编号表示，以便与平面图相对应。

⑤表明房屋上面各部分的尺寸情况；如雨篷、檐口挑出部分的宽度、勒脚的高度等局部小尺寸；注写室外地坪、出入口地面、勒脚、窗台、门窗顶及檐口等处的标高。数字写在横线上的是标注构造部位顶面标高，数字写在横线下的是标注构造部位底面标高（如果两标高符号距离较小，也可不受此限制）。标高符号位置要整齐，三角形大小应该标准、一致。

⑥立面图中有的部位要画详图索引符号，表示局部构造另有详图表示。

（5）建筑剖面图

要求用两个横剖面图或一个阶梯剖面图来表示房屋内部的结构形式、分层及高度、构造做法等情况。

①外部尺寸有三道:第一道是窗(或门)、窗间墙、窗台、室内、外高差等尺寸;第二道尺寸是各层的层高;第三道是总高度。承重墙要画定位轴线,并标注定位轴线的间距尺寸。

②内部尺寸有两种:地坪、楼面、楼梯平台等标高;所能剖到的部分的构造尺寸。必需时要注写地面、楼面及屋面等的构造层次及做法。

③表达清楚房屋内的墙面、顶棚、楼地面的面层,如踢脚线、墙裙的装饰和设备的配置情况。

④剖面图的图名应与底层平面图上剖切符号的编号一致;和平面图相配合,也可以看清房屋的入口、屋顶、天棚、楼地面、墙、柱、池、坑、楼梯、门、窗各部分的位置、组成、构成、用料等情况。

(6)外墙身详图

实际上是建筑剖面图的局部放大图,用较大的比例(如1:20)画出。可只画底层、顶层或加一个中间层来表示,画图时,往往在窗洞中间处断开,成为几个节点详图的组合。详图的线型要求与剖面图一样。在详图中,对屋面、楼面和地面的构造,应采用多层构造说明方法表示。

①在勒脚部分,表示出房屋外墙的防潮、防水和排水的做法。

②在楼板与墙身连接部分,应表明各层楼板(或梁)的搁置方向与墙身的关系。

③在檐口部分,表示出屋顶的承重层、女儿墙、防水及排水的构造。

此外,表示出窗台、自过梁(或圈梁)的构造情况。一般应注出各部位的标高、高度方向和墙身细部的大小尺寸。图中标高注写有两个或几个数字时,有括号的数字表示相邻上一层的标高。同时注意用图例和文字说明表达墙身内外表面装修的截面形式、厚度及所用的材料等。

(7)楼梯详图

用比例1:50,绘制出各层楼梯平面图、楼梯剖面图。用1:10比例绘制台阶节点详图,栏杆扶手节点详图等。

3)几项具体意见

(1)图纸用手工绘制。

(2)要进行合理的图面布置(包括图样、图名、尺寸、文字说明及技术经济指标),做到主次分明、排列均匀紧凑、线型分明、表达清晰、投影关系正确,符合制图标准。

(3)绘图顺序,一般是先平面图,然后是剖面图、立面图和详图;先用硬铅笔打底稿,落笔要轻,全部完成后再加深或上墨;同一方向或同一线型的线条相继绘出,先画水平线(从上到下),后画铅直线或斜线(从左到右);先画图,后注写尺寸和说明。一律采用工程字体书写,以增强图面效果。

4)说明

(1)在教学条件受专业资料等多种因素所限的情况下,可由教师提供参考图或初定部分内容,要求学生经过小组讨论完成任务书上所规定的工作量,加上规定统一封面,再装订成册,

(2)也可由教师给定其他方案或学生选定方案后,再进行施工图设计。

附表:《建筑识图与构造》技能考核:项目/任务考核评分参考表

学生姓名		班级		学号		组号		课程名称:《建筑识图与构造》						
项目名称								任务分值						
								1	2	3	4	5	6	7	8

	序号	内容	标准	权重	1	2	3	4	5	6	7	8
学生学习情况自评	1	你对本项目的学习兴趣和投入程度	A. 很高 B. 较高 C. 中等 D. 一般 E. 极差	10%								
	2	你在本项目的学习过程中课堂纪律情况	A. 很好 B. 较好 C. 中等 D. 一般 E. 极差	10%								
	3	根据你现有的基础你能很好完成本项目的学习吗?	A. 能 B. 基本能 C. 经过努力能 D. 不能	10%								
	4	你在本项目的学习过程中努力情况	A. 很努力 B. 较努力 C. 中等努力 D. 一般努力 E. 不努力	10%								
	5	你对本项目的教学内容掌握程度	A. 熟练掌握 B. 较好掌握 C. 基本掌握 D. 没有掌握	10%								
	6	你对本项目成果的评价	A. 优秀 B. 良好 C. 中 D. 及格 E. 不及格	50%								
	自评成绩		折合成绩(占10%)									

	序号	内容	标准	权重	1	2	3	4	5	6	7	8
学生学习情况互评	1	该同学在本项目学习时课堂纪律情况	A. 很高 B. 较高 C. 中等 D. 一般 E. 极差	10%								
	2	该同学在本项目学习时作业完成情况	A. 很高 B. 较高 C. 中等 D. 一般 E. 极差	10%								
	3	该同学与同学之间合作态度或独立学习能力	A. 很高 B. 较高 C. 中等 D. 一般 E. 极差	10%								
	4	"5S"情况:整理、整顿、清扫、清洁、习惯	A. 很高 B. 较高 C. 中等 D. 一般 E. 极差	10%								
	5	该同学本项目成果的评价	A. 优秀 B. 良好 C. 中 D. 及格 E. 不及格	60%								
	互评成绩		折合成绩(占10%)									

	序号	内容	标准	权重	1	2	3	4	5	6	7	8
教师评价	1	学习态度:遵守课堂纪律,认真思考,勇于提出问题	A. 很高 B. 较高 C. 中等 D. 一般 E. 极差	10%								
	2	项目完成情况:按时、独立完成项目作任务	A. 很高 B. 较高 C. 中等 D. 一般 E. 极差	10%								
	3	能力水平提高:能较好掌握所学知识、技能;运用本课程知识提出、分析、解决问题能力得到加强	A. 很高 B. 较高 C. 中等 D. 一般 E. 极差	10%								
	4	独立学习能力及团队协作意识:独立学习能力较强;团队协作意识强,能积极参与,分工合作	A. 很高 B. 较高 C. 中等 D. 一般 E. 极差	10%								
	5	对本项目成果的评价	A. 优秀 B. 良好 C. 中 D. 及格 E. 不及格	60%								
	教师评价成绩		折合成绩(占80%)									

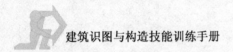

学生姓名		班级		学号		组号		课程名称:《建筑识图与构造》							
项目名称								任务分值							
								1	2	3	4	5	6	7	8
任务总分															
项目总分															

注:A:90~100分、B:80~90分、C:70~80分、D:60~70分、E:60分以下(各评分处均打分数)。

参 考 文 献

[1] 李必瑜,等. 房屋建筑学[M]. 武汉:武汉理工大学出版社,2008.

[2] 魏琳,郑睿. 房屋建筑学实训[M]. 北京:中国水利水电出版社,2008.

[3] 蔡吉安. 建筑设计资料集(3)[M]. 北京:中国建筑工业出版社,1994.

[4] GB/T 50001—2010 房屋建筑制图统一标准[S].

[5] GB 50096—2011 住宅设计规范[S].

附录 1

某传达室土建施工图

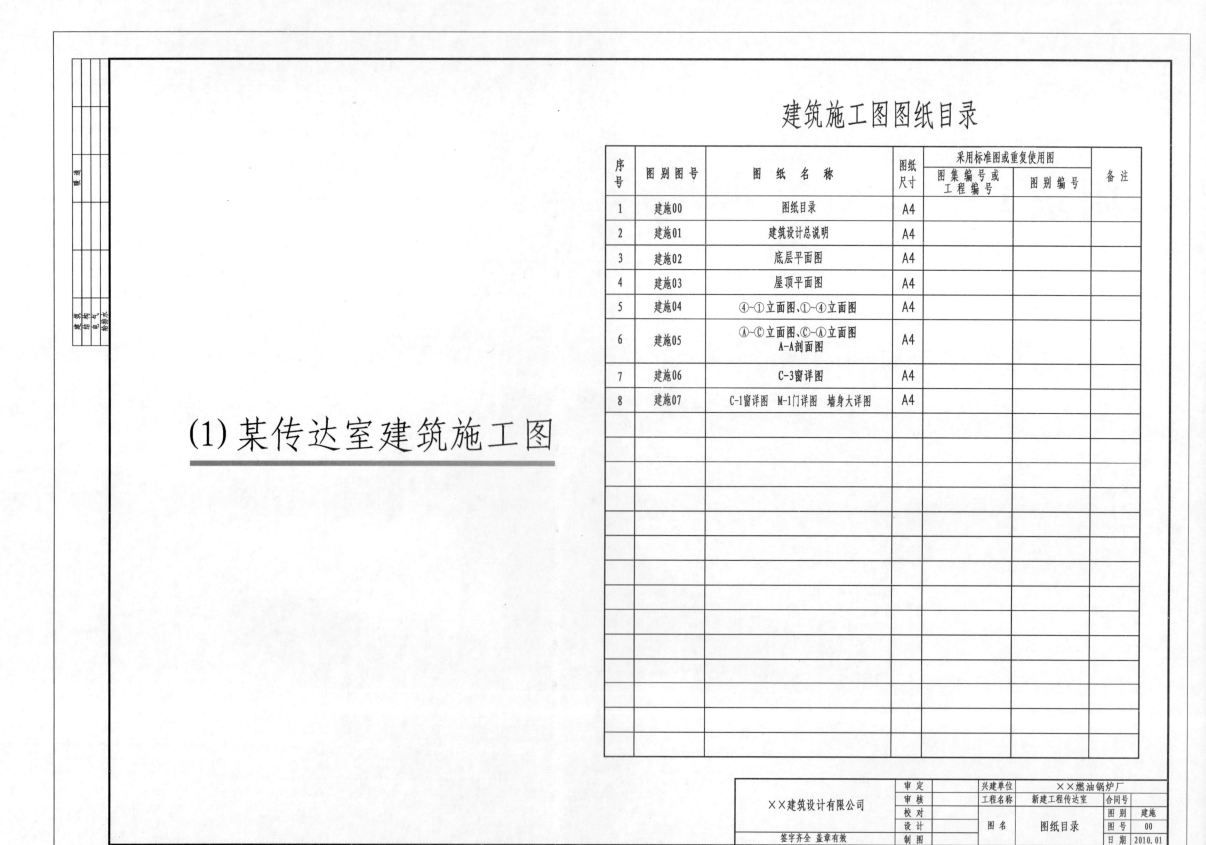

建筑施工图图纸目录

(1) 某传达室建筑施工图

序号	图别图号	图 纸 名 称	图纸尺寸	采用标准图或重复使用图		备注
				图集编号或工程编号	图别编号	
1	建施00	图纸目录	A4			
2	建施01	建筑设计总说明	A4			
3	建施02	底层平面图	A4			
4	建施03	屋顶平面图	A4			
5	建施04	④~①立面图、①~④立面图	A4			
6	建施05	Ⓐ~Ⓒ立面图、Ⓒ~Ⓐ立面图 A—A剖面图	A4			
7	建施06	C-3窗详图	A4			
8	建施07	C-1窗详图 M-1门详图 墙身大详图	A4			

××建筑设计有限公司	审 定		兴建单位	××燃油锅炉厂		合同号	
	审 核		工程名称	新建工程传达室		合同号	
	校 对					图别	建施
	设 计		图 名	图纸目录		图号	00
签字齐全 盖章有效	制 图					日期	2010.01

2

建 筑 设 计 总 说 明

一、本工程施工图根据设计委托书和地质勘测报告、规划设计条件、建筑红线及《民用建筑设计通则》(GB 50352—2005)、《建筑设计防火规范》(GB 50016—2006),有关国家现行建筑设计标准进行设计。

二、本工程为杭州燃油锅炉厂新建工程传达室,耐火等级为二级,为戊类建筑,抗震烈度为6度4级,结构设计合理使用年限为50年,屋面防水等级为三级,总建筑面积64m²。

三、本工程单体室内地坪±0.000标高相当于绝对标高(黄海标高)现场定。

四、本工程所注尺寸除标高及总图计以米计外,其余均以毫米为单位。

五、为了便于各种管道穿过基础、墙身、梁柱、楼板及屋面板,施工单位均应按照土建图纸参照设备图纸施工,凡φ100以上的设备管道穿墙及楼板时,均需预留孔洞或预埋套管,不得现凿。

六、室内墙面、柱面粉刷阳角处,均应在两侧先做宽50,厚15,高不小于1800的1:2水泥砂浆隐护角后再做面层。踢脚高度均为150mm,做法同所在楼地面面层做法。

七、凡混凝土表面抹灰,均应对基层采取凿毛或洒1:0.5水泥砂浆(内掺黏结剂)。

八、所有隔墙均砌至结构梁底,不同砌体材料需在交接处用宽不小于200的钢板网加强后再粉刷。

九、墙身防潮:-0.05处20厚1:2防水水泥砂浆。

十、填充墙不同墙体连接处均应按构造配置拉结钢筋。

十一、现浇钢筋混凝土楼板表面应随捣随抹平整,现浇钢筋混凝土墙应保持垂直度,随浇随纠偏。

十二、消火栓、电表箱、配电箱等留洞同墙厚者,背面均做钢丝网面粉刷,网宽每边应大于孔洞200。

十三、凡室内露明排水管、消防立水管等均用立砖加钢板网粉刷封墙。检修口处留240×240活门口。

十四、卫生间等周边墙体内侧(除门外)均应在浇捣楼板时用素混凝土或梁翻上200高,屋面与墙体交接处均应在浇捣楼板时用素混凝土或梁翻上350高。

十五、凡不同楼地面材料,均在门扇位置分界。

十六、凡露明金属构件均应先做防锈漆两道,再做面漆。所有金属、木材面油漆颜色及内外墙饰面材料颜色必须试样,经设计单位同意后,方可施工。所有木构件、木装修应做防火、防腐及防治白蚁处理。

十七、门窗详见门窗表,外门窗铝合金窗框及玻璃为铝合金单框5mm白色玻璃窗,生产厂家务必按规定的风压强度进行核算或测试,门窗所用小五金配件均按图集配齐。所有门窗立面仅为示意图,施工时厂家需提供立面分隔大样及构造做法,经业主及设计认可后方可施工。

十八、屋面为有组织排水,PVC管φ100白色,接口要求严密,并做封水试验,且配全铸铁篦板,底层设检查口等构件,雨水斗采用99浙15(P29)。雨水管位置具体以水施为主。

十九、窗台低于900高的外墙均安装不锈钢防护栏杆,花饰另定。

二十、本工程室外工程中道路、给排水、电力通信、燃气等市政综合设计、园林绿化、小品、水系等内容不属本次施工图范围,以上内容将另行出图。

二十一、建筑装修按详图要求施工,设计未明确部分待二次装修定。

二十二、具体建筑工程做法详见各单体说明。

二十三、本工程说明未详尽之处以本施图为准,并应按国家现行有关规范、规程、规定执行。

二十四、屋面(平屋面技术要求参99浙J14)

平屋面:40厚C25细石混凝土内配双向φ4@150,3厚SBS一道,20厚1:2水泥砂浆,40厚轻集料混凝土找坡,现浇钢筋混凝土屋面板。

二十五、楼地面

防滑地砖地面:防滑地砖找坡地面(用于卫生用房)。

防滑地砖面层(见样定):纯水泥砂浆擦缝,纯水泥砂浆一道,8厚1:2水泥砂浆结合层(内掺5%抗渗王I型),12厚1:3水泥砂浆找坡(内掺10%抗渗王I型),40厚C20细石混凝土,70厚C15混凝土垫层,80厚压实碎石素土夯实。

抛光地砖地面:

抛光地砖面层(见样定):纯水泥砂浆擦缝,纯水泥砂浆一道,8厚1:2水泥砂浆结合层(内掺5%抗渗王I型),12厚1:3水泥砂浆找坡(内掺10%抗渗王I型),40厚C20细石混凝土,100厚C20混凝土垫层,80厚压实碎石素土夯实。

二十六、内墙

内墙1:涂料内墙面

白色涂料两度,满刮腻子两道,8厚1:2水泥砂浆罩面抹光,12厚1:3水泥砂浆打底扫毛。

内墙2:瓷砖内墙面(用于卫生间)

瓷砖面砖(见样定)至吊顶底,8厚1:2水泥砂浆结合层(内掺5%抗渗王II型),12厚1:3水泥砂浆打底扫毛。

内墙3(踢脚线):150高抛光砖,10厚1:2水泥砂浆结合层,12厚1:3水泥砂浆打底扫毛。

二十七、外墙(颜色搭配见效果图)

真石漆(颜色见效果图),10厚1:2.5水泥砂浆面(内掺5%抗渗王II型),15厚1:3水泥砂浆打底,240厚混凝土砖。(分割线做样板定)

二十八、散水

600宽、60厚C15混凝土撒1:1水泥砂子压实赶光,与勒脚交接处及纵向每10m左右分缝,缝宽20,沥青胶泥嵌缝,80厚碎石灌M2.5水泥石灰砂浆,素土夯实向外坡3%。

二十九、顶棚

顶棚涂料两道,批刮腻子两道,5厚1:1:6水泥细纸筋石灰砂浆罩面,12厚1:1:6水泥纸筋石灰砂浆打底,现浇混凝土楼板底。

三十、吊顶

办公区卫生间吊顶均采用塑料扣板吊顶,顶高2400。

××建筑设计有限公司	审 定		兴建单位	××燃油锅炉厂	
	审 核		工程名称	新建工程传达室	合同号
	校 对				图别 建施
	设 计		图 名	建筑设计总说明	图号 01
签字齐全 盖章有效	制 图				日期 2010.01

3

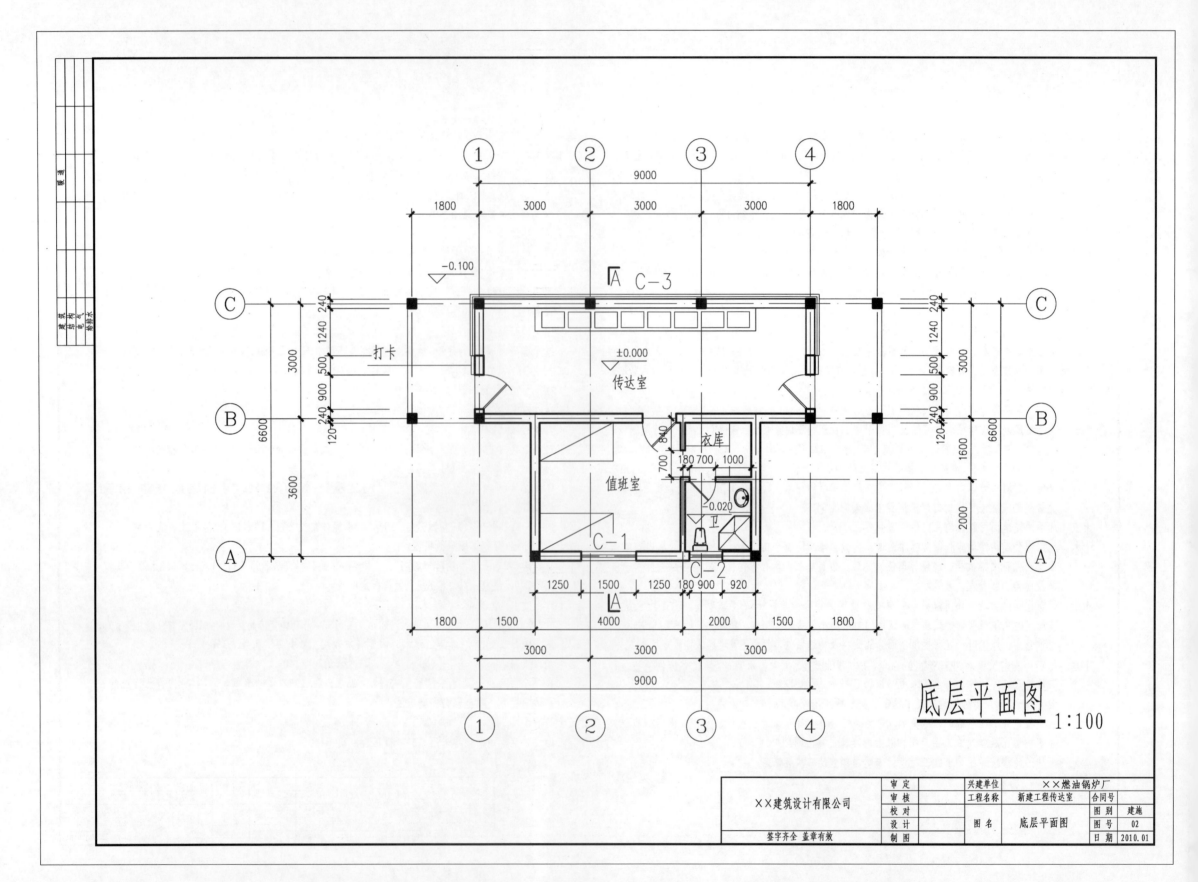

底层平面图 1:100

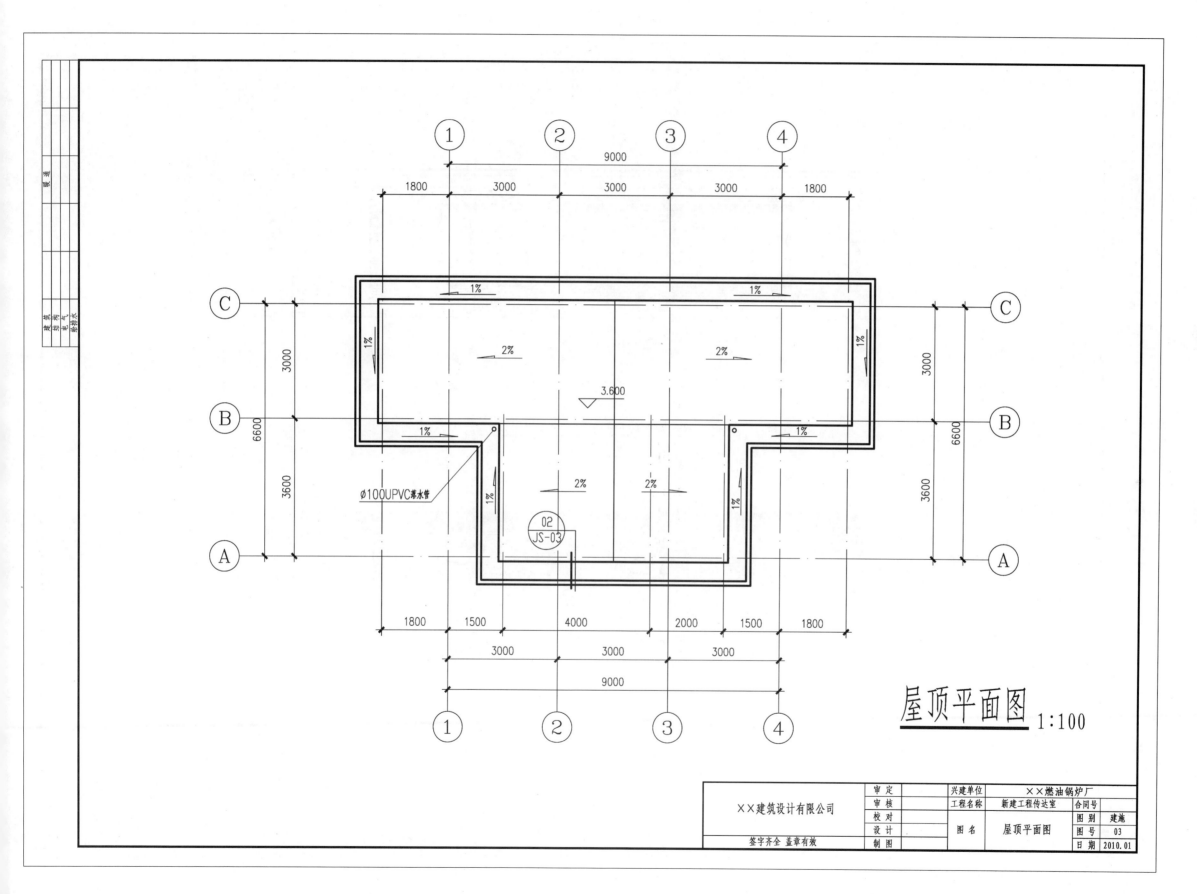

ø100UPVC落水管

3.600

1% 1%
1% 1%
2% 2%
1% 1%
2% 2%
1% 1%
2% 2%
1% 1%

02
JS-03

9000
1800 3000 3000 3000 1800

6600
3000
3600

屋顶平面图 1:100

1800 1500 4000 2000 1500 1800
3000 3000 3000
9000

6600
3000
3600

×× 建筑设计有限公司	审 定		兴建单位	×× 燃油锅炉厂		
	审 核		工程名称	新建工程传达室	合同号	
	校 对				图 别	建施
	设 计		图 名	屋顶平面图	图 号	03
签字齐全 盖章有效	制 图				日 期	2010.01

建筑
电气
给排水

5

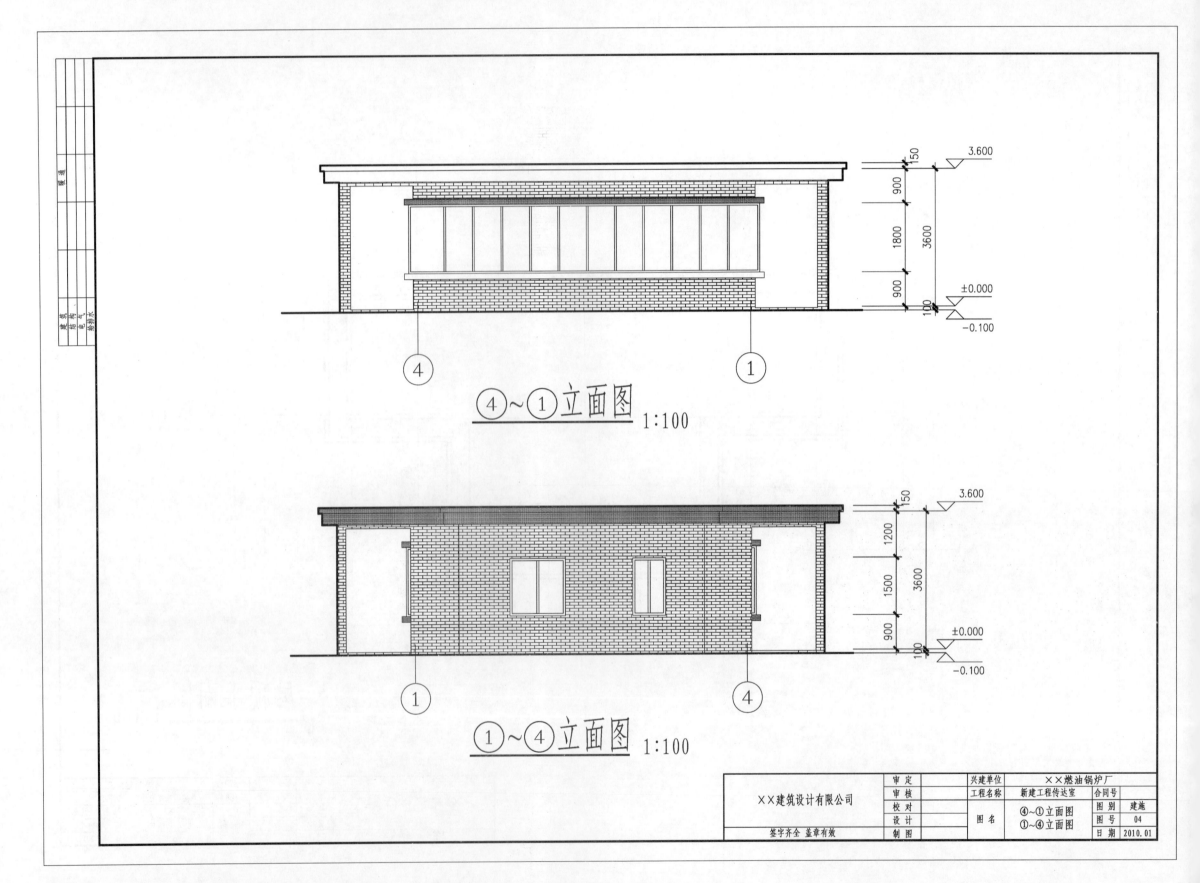

④~①立面图 1:100

①~④立面图 1:100

××建筑设计有限公司	审 定	兴建单位	××燃油锅炉厂		合同号		
	审 核	工程名称	新建工程传达室				
	校 对				图 别	建施	
	设 计	图 名	④~①立面图		图 号	04	
签字齐全 盖章有效	制 图		①~④立面图		日 期	2010.01	

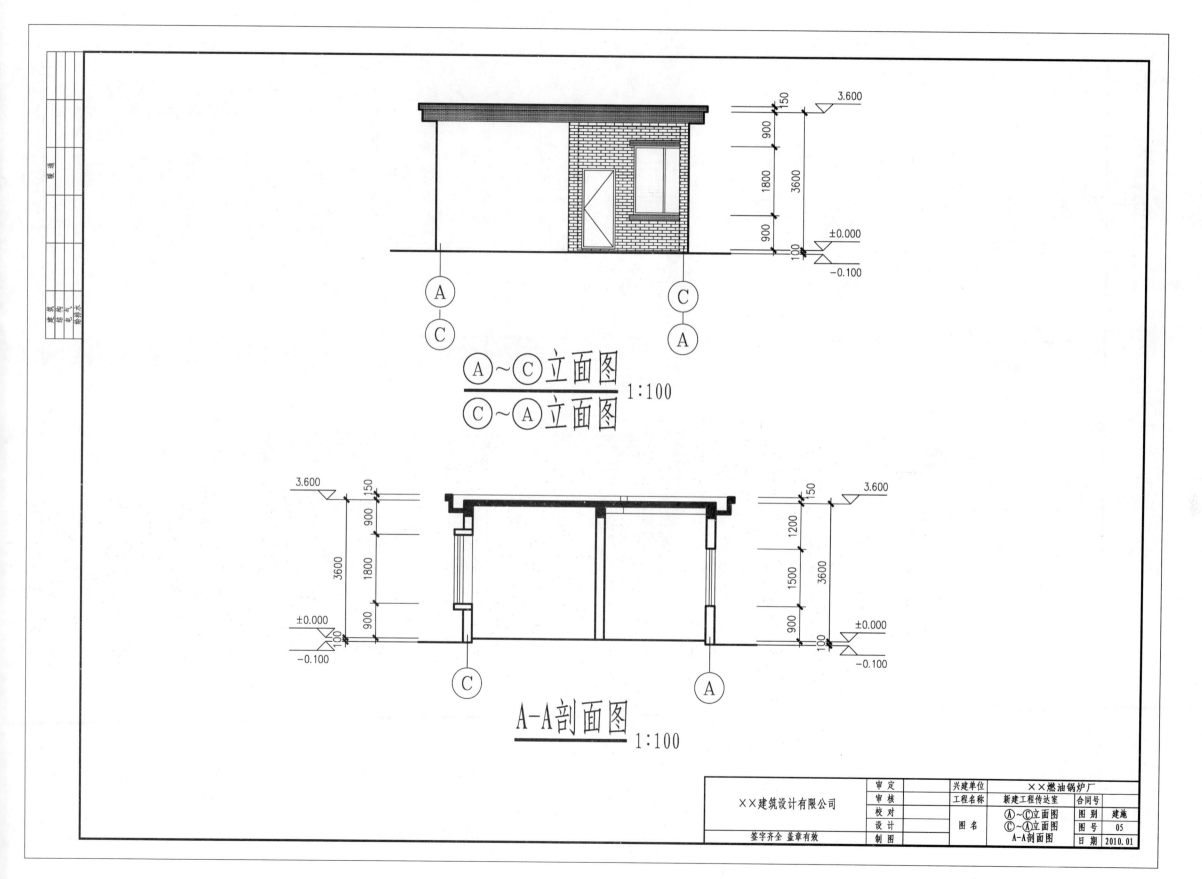

Ⓐ~Ⓒ立面图
─────────
Ⓒ~Ⓐ立面图   1:100

A-A剖面图 1:100

××建筑设计有限公司	审定		兴建单位	××燃油锅炉厂		
	审核		工程名称	新建工程传达室	合同号	
	校对		图名	Ⓐ~Ⓒ立面图 Ⓒ~Ⓐ立面图 A-A剖面图	图别	建施
	设计				图号	05
签字齐全 盖章有效	制图				日期	2010.01

7

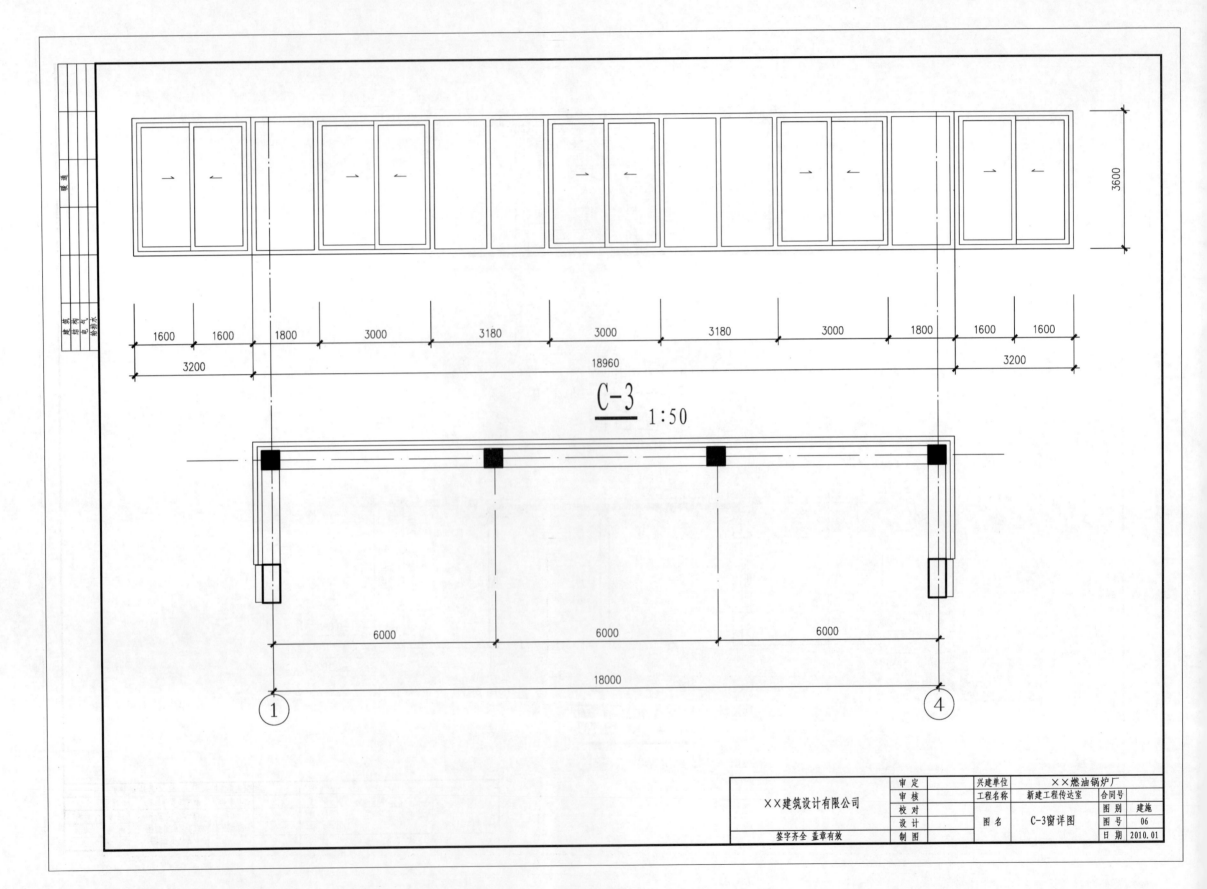

$$\underline{C\text{-}3}\ 1:50$$

| 1600 | 1600 | 1800 | 3000 | 3180 | 3000 | 3180 | 3000 | 1800 | 1600 | 1600 |

| 3200 | 18960 | 3200 |

3600

| 6000 | 6000 | 6000 |

18000

①   ④

8

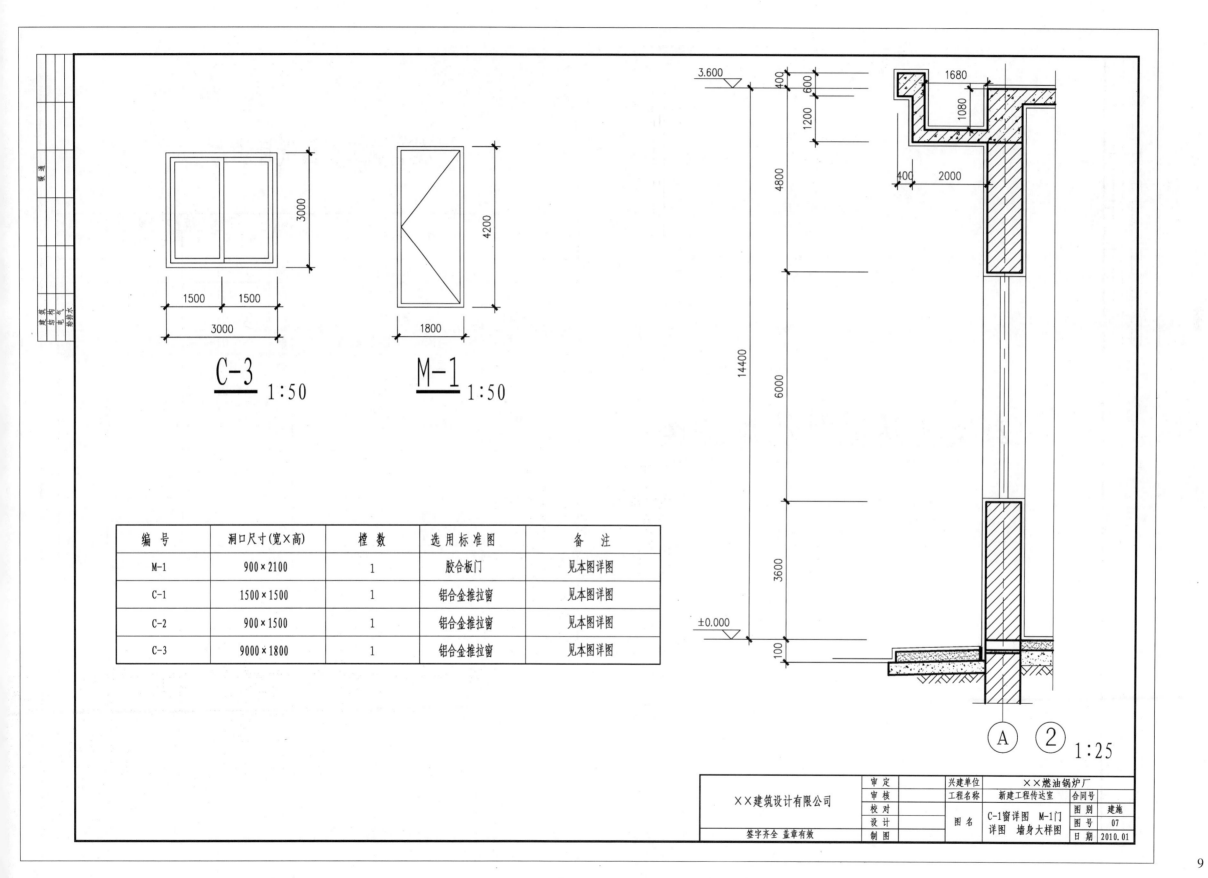

编　号	洞口尺寸(宽×高)	樘　数	选用标准图	备　注
M-1	900×2100	1	胶合板门	见本图详图
C-1	1500×1500	1	铝合金推拉窗	见本图详图
C-2	900×1500	1	铝合金推拉窗	见本图详图
C-3	9000×1800	1	铝合金推拉窗	见本图详图

C-3 1:50

M-1 1:50

Ⓐ　② 1:25

××建筑设计有限公司	审　定		兴建单位	××燃油锅炉厂	合同号	
	审　核		工程名称	新建工程传达室	图别	建施
	校　对				图号	07
	设　计		图名	C-1窗详图　M-1门详图　墙身大样图		
签字齐全 盖章有效	制　图				日期	2010.01

9

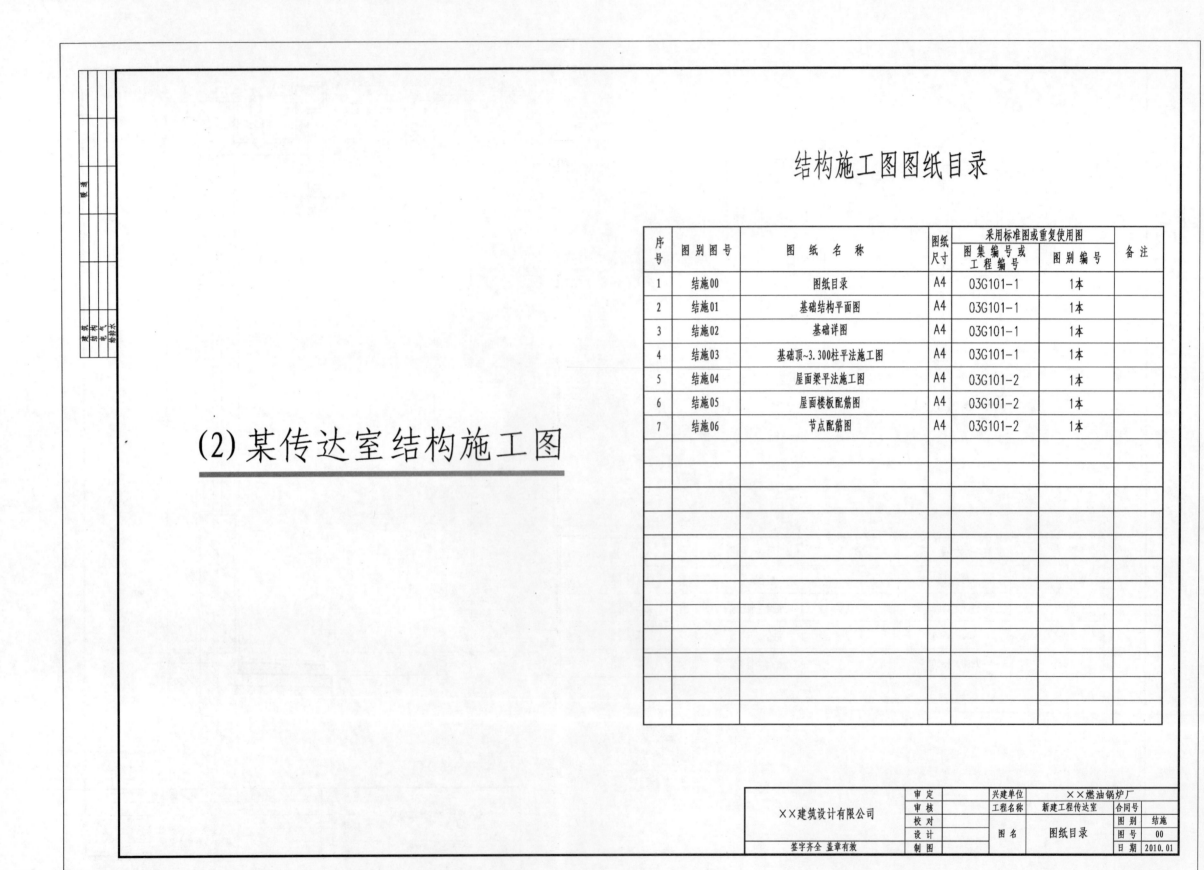

结构施工图图纸目录

| 序号 | 图别图号 | 图 纸 名 称 | 图纸尺寸 | 采用标准图或重复使用图 | | 备注 |
				图集编号或工程编号	图别编号	
1	结施00	图纸目录	A4	03G101-1	1本	
2	结施01	基础结构平面图	A4	03G101-1	1本	
3	结施02	基础详图	A4	03G101-1	1本	
4	结施03	基础顶~3.300柱平法施工图	A4	03G101-1	1本	
5	结施04	屋面梁平法施工图	A4	03G101-2	1本	
6	结施05	屋面楼板配筋图	A4	03G101-2	1本	
7	结施06	节点配筋图	A4	03G101-2	1本	

(2)某传达室结构施工图

××建筑设计有限公司	审 定	兴建单位	××燃油锅炉厂	合同号	
	审 核	工程名称	新建工程传达室	图别 结施
	校 对			图号 00
	设 计	图 名	图纸目录	
签字齐全 盖章有效	制 图			日期 2010.01

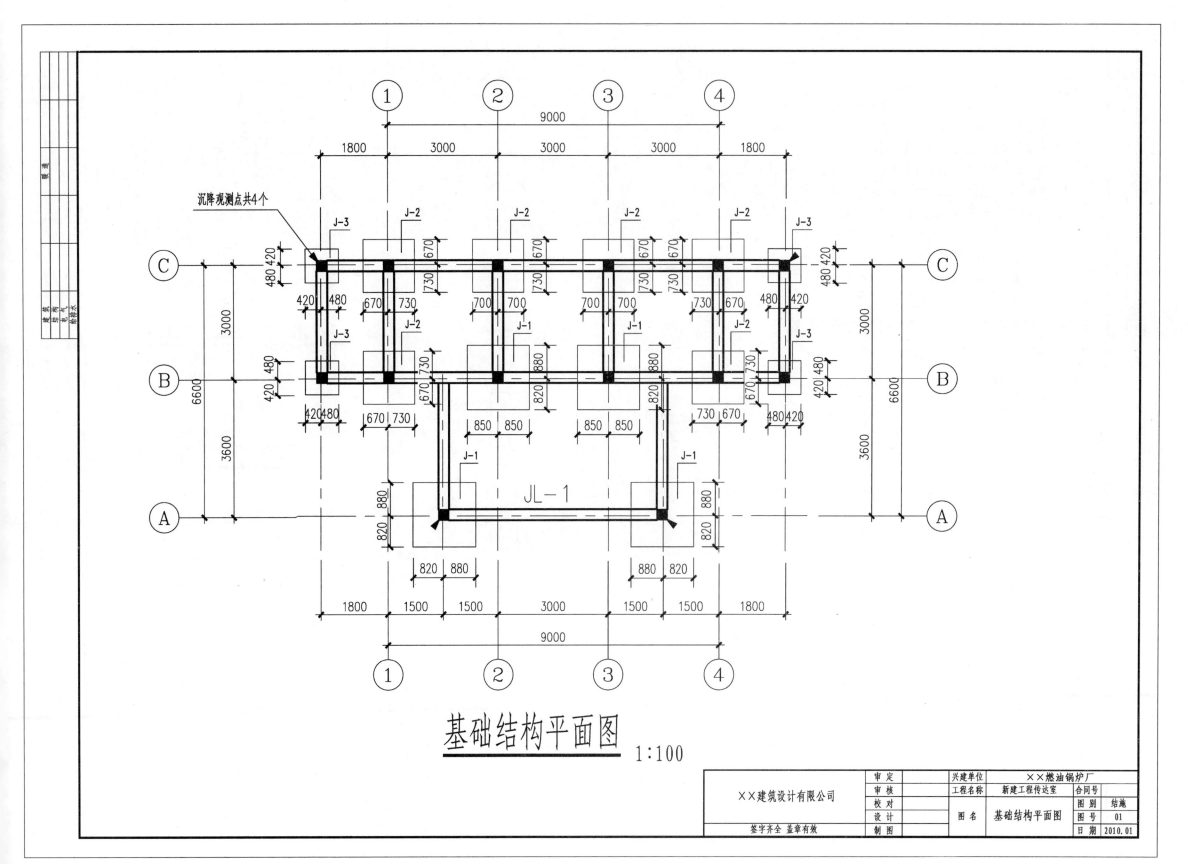

基础结构平面图
1:100

沉降观测点共4个

××建筑设计有限公司	审定	兴建单位	××燃油锅炉厂	合同号	
	审核	工程名称	新建工程传达室		
	校对			图别	结施
	设计	图名	基础结构平面图	图号	01
签字齐全 盖章有效	制图			日期	2010.01

说明:

1. 本工程根据浙江省浙南综合工程勘察测绘院二〇一〇年一月提供的拟建筑物岩土工程详细勘察报告,采用钢筋混凝土柱下独立基础以第二层粉质黏土层作为持力层。
   地基承载力特征值f_a=100kN/m²,若基底为杂填土或土层软弱,则应挖除,采用砂石垫层(内掺30%碎石)回填至基底标高,分层加水振实(每层虚铺300mm厚),压实系数0.97。
2. 本工程±0.000相当于黄海高程待定。
3. 本工程地基设计等级为丙级。
4. 图中未注明地梁均为JL-2。
5. 本图中基础、地梁及上部结构混凝土构件均采用C25混凝土。
6. 详图中Φ为HPB235钢筋、Φ为HRB335钢筋。
7. 平面中"▶"表示沉降观测点位置,共4个。
8. 图中未详处详见新建工程2号车间结构设计总说明

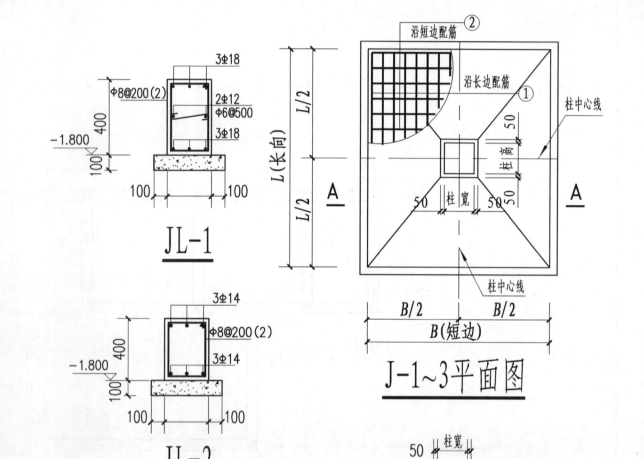

JL-1

3Φ18
Φ8@200(2)
2Φ12
Φ6@500
3Φ18
-1.800
400
100
100   100

JL-2

3Φ14
Φ8@200(2)
3Φ14
-1.800
400
100
100   100

J-1~3平面图

沿短边配筋 ②
沿长边配筋 ①
柱中心线
L(长向)
L/2
L/2
50
50 柱宽 50
柱中心线
B/2 B/2
B(短边)

A-A

柱宽
50
沿长边配筋 ①
沿短边配筋 ②
-1.800
h
h₁
h₂
100
B/2 B/2
B
100   100

J-1~3:

基础编号	短边长度B	长边长度L	沿长边配筋①	沿短边配筋②	h	h₁	h₂
J-1	1700	1700	Φ12@200	Φ12@200	350	350	
J-2	1400	1400	Φ12@200	Φ12@200	350	350	
J-3	900	900	Φ12@200	Φ12@200	350	350	

××建筑设计有限公司	审定		兴建单位	××燃油锅炉厂	合同号	
	审核		工程名称	新建工程传达室	图别	结施
	校对		图名	基础详图	图号	02
签字齐全 盖章有效	设计				
	制图				日期	2010.01

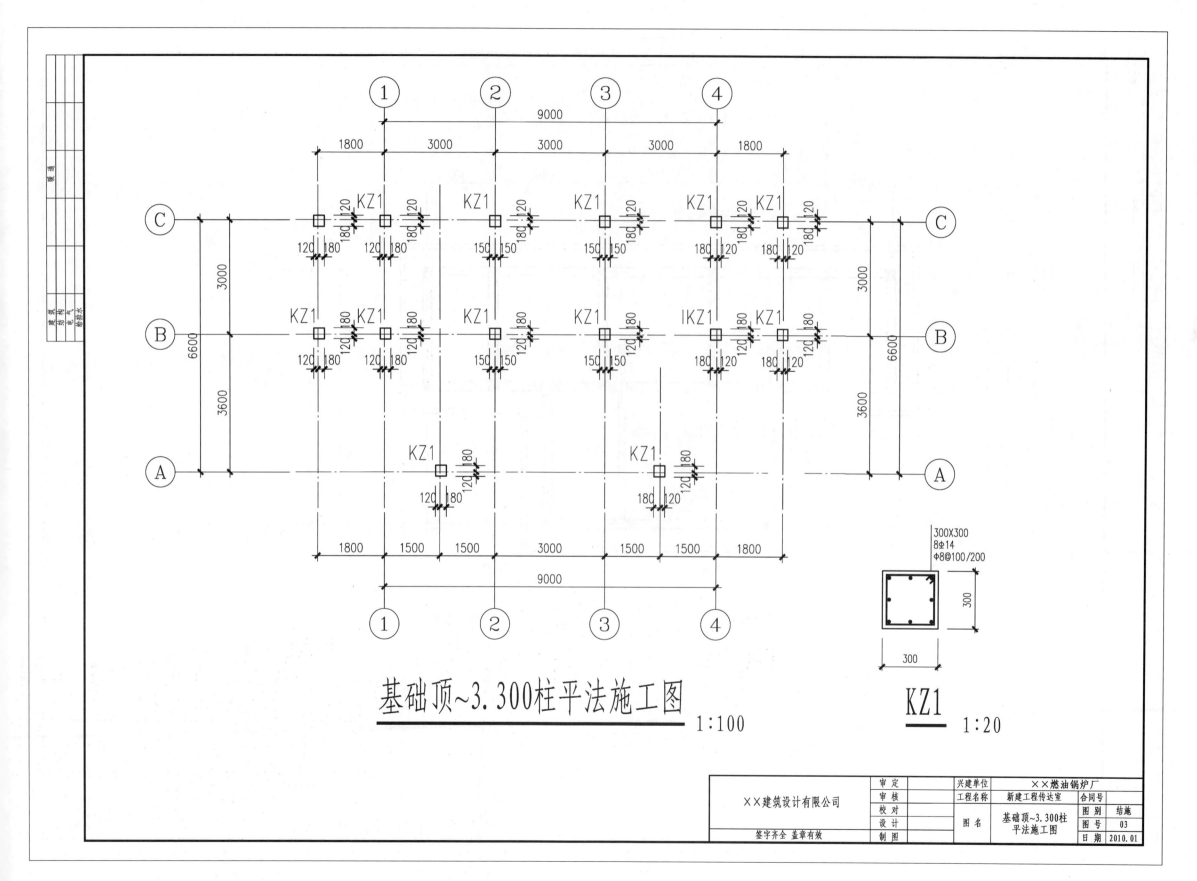

基础顶~3.300柱平法施工图

1:100

KZ1

1:20

300X300
8Φ14
Φ8@100/200

××建筑设计有限公司	审 定		兴建单位	××燃油锅炉厂		
	审 核		工程名称	新建工程传达室	合同号	
	校 对		图 名	基础顶~3.300柱 平法施工图	图 别	结施
	设 计				图 号	03
签字齐全 盖章有效	制 图				日 期	2010.01

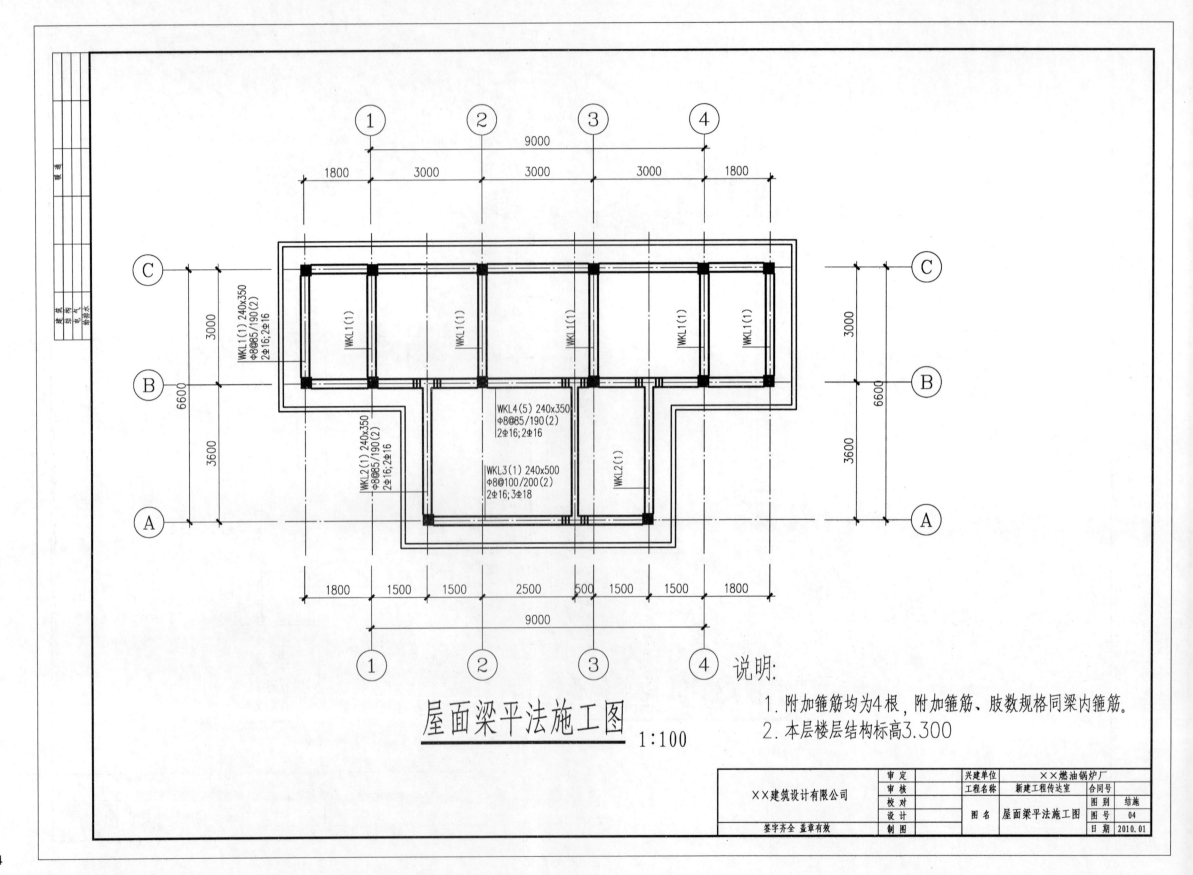

屋面梁平法施工图 1:100

说明:
1. 附加箍筋均为4根, 附加箍筋、肢数规格同梁内箍筋。
2. 本层楼层结构标高3.300

WKL1(1) 240x350
Φ8@85/190(2)
2Φ16;2Φ16

WKL2(1) 240x350
Φ8@85/190(2)
2Φ16;2Φ16

WKL4(5) 240x350
Φ8@85/190(2)
2Φ16;2Φ16

WKL3(1) 240x500
Φ8@100/200(2)
2Φ16;3Φ18

××建筑设计有限公司	审 定		兴建单位	××燃油锅炉厂		合同号	
	审 核		工程名称	新建工程传达室			
	校 对					图 别	结施
	设 计		图 名	屋面梁平法施工图		图 号	04
签字齐全 盖章有效	制 图					日 期	2010.01

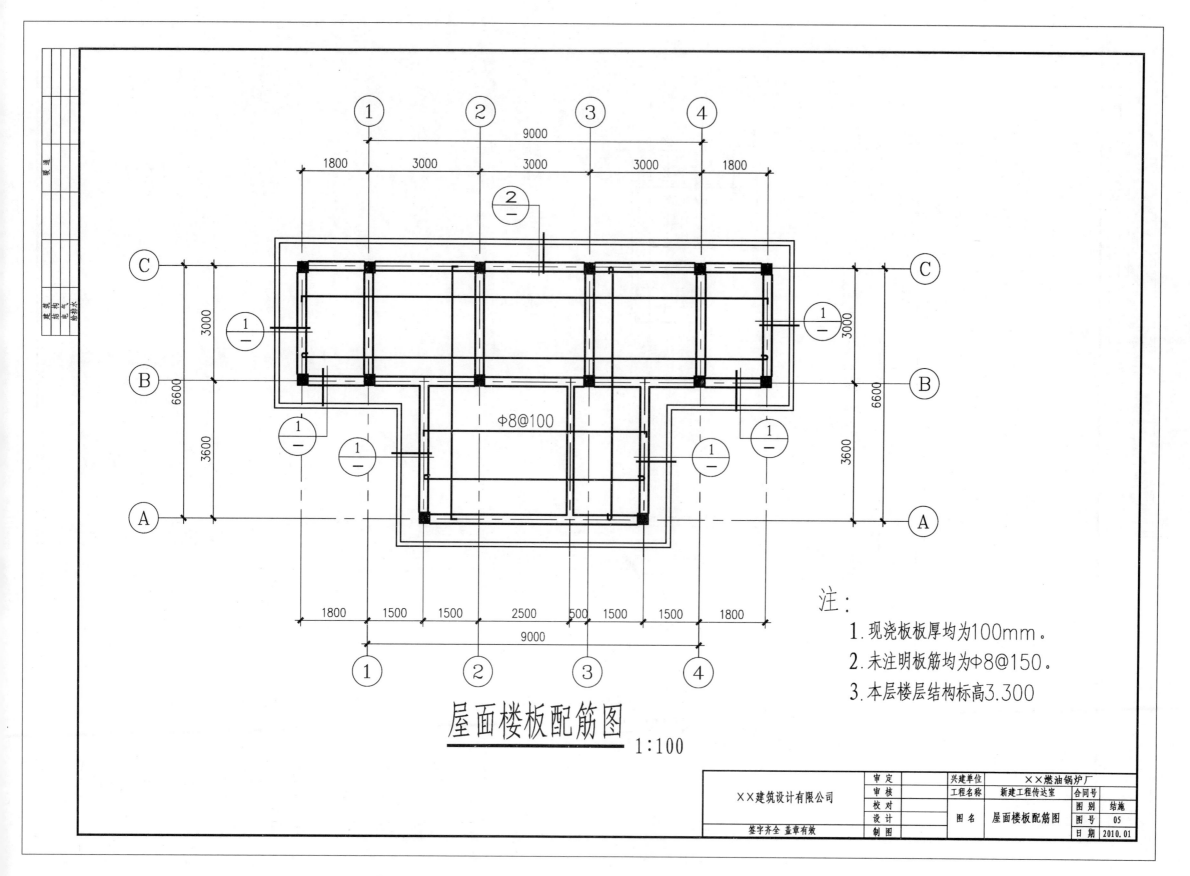

注：

1.现浇板板厚均为100mm。

2.未注明板筋均为Φ8@150。

3.本层楼层结构标高3.300

屋面楼板配筋图 1:100

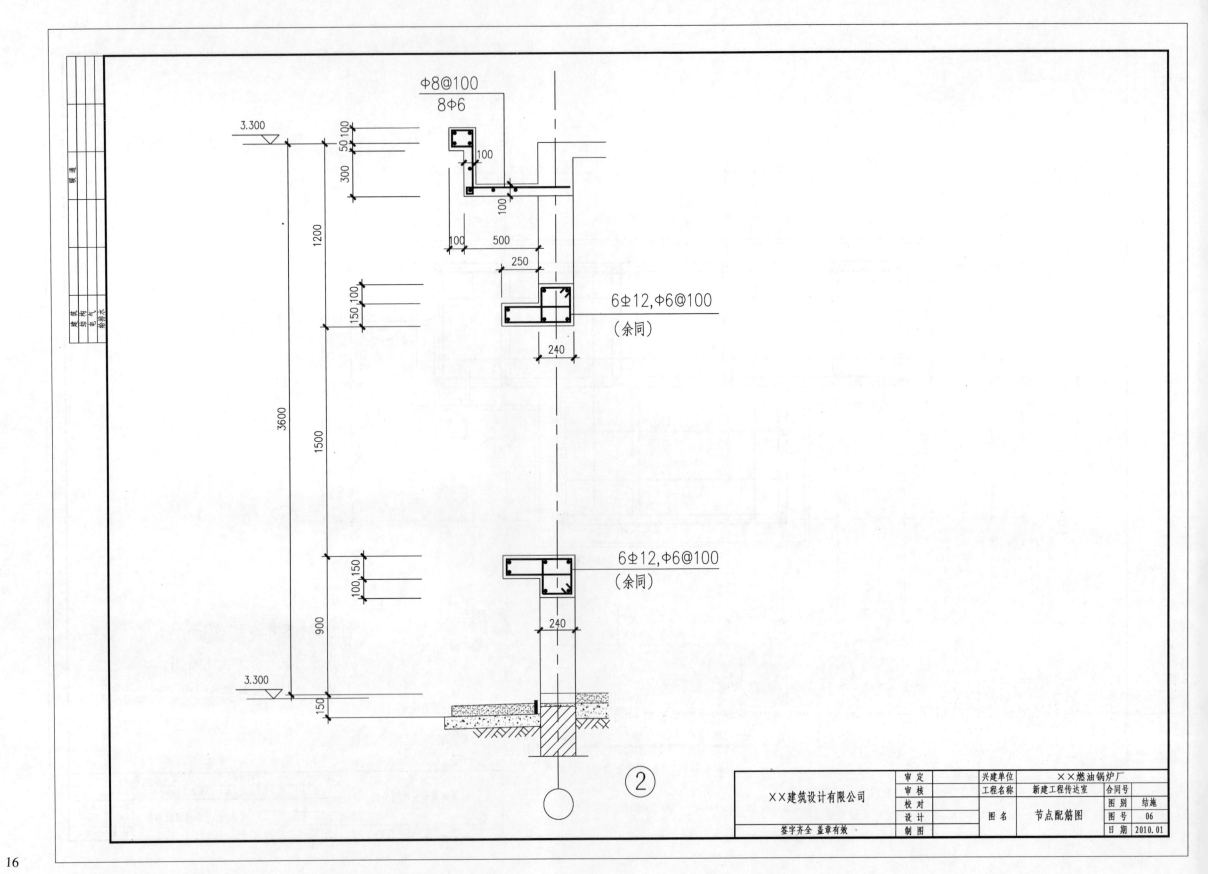

Φ8@100
8Φ6

3.300

50 100

300

100

100

1200

100 500

250

150 100

6⏀12,Φ6@100
（余同）

240

3600

1500

100 150

6⏀12,Φ6@100
（余同）

240

900

3.300

150

②

		审 定		兴建单位	××燃油锅炉厂		
×× 建筑设计有限公司		审 核		工程名称	新建工程传达室	合同号	
		校 对				图 别	结施
		设 计		图 名	节点配筋图	图 号	06
签字齐全 盖章有效		制 图				日 期	2010.01

16

附录 2

某厂房土建施工图

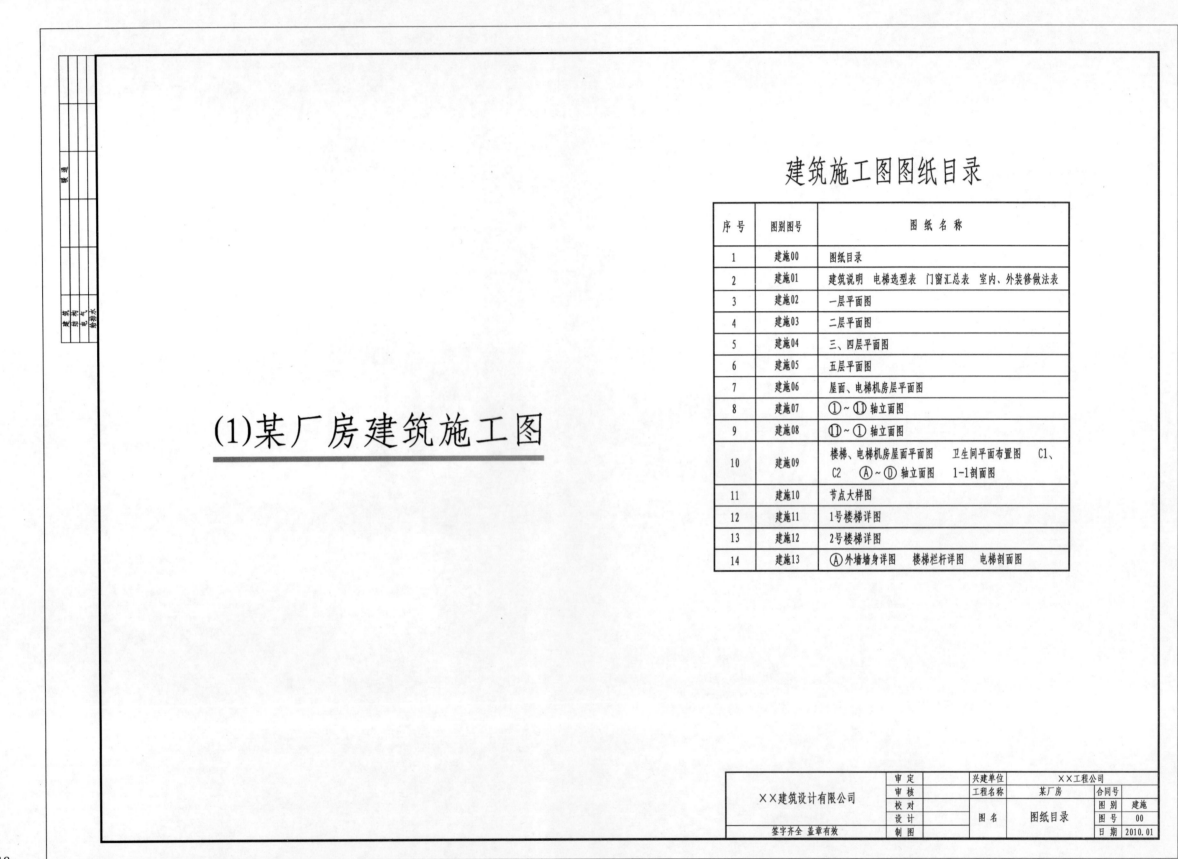

建筑施工图图纸目录

序 号	图别图号	图 纸 名 称
1	建施00	图纸目录
2	建施01	建筑说明 电梯选型表 门窗汇总表 室内、外装修做法表
3	建施02	一层平面图
4	建施03	二层平面图
5	建施04	三、四层平面图
6	建施05	五层平面图
7	建施06	屋面、电梯机房层平面图
8	建施07	①~⑪轴立面图
9	建施08	⑪~①轴立面图
10	建施09	楼梯、电梯机房屋面平面图 卫生间平面布置图 C1、C2 Ⓐ~Ⓓ轴立面图 1-1剖面图
11	建施10	节点大样图
12	建施11	1号楼梯详图
13	建施12	2号楼梯详图
14	建施13	Ⓐ外墙墙身详图 楼梯栏杆详图 电梯剖面图

(1)某厂房建筑施工图

××建筑设计有限公司	审 定		兴建单位	××工程公司			
	审 核		工程名称	某厂房	合同号		
	校 对				图别	建施
	设 计		图 名	图纸目录	图号	00
签字齐全 盖章有效	制 图				日 期	2010.01

18

建 筑 说 明

一、设计依据
(1)东发计 _____ 文件。
(2)东规局 _____ 文件。
(3)东公消 _____ 文件。
(4)甲方提出的设计任务书及可行性报告。
(5)《总图制图标准》(GB/T 50103—2001)。
(6)《建筑制图标准》(GB/T 50104—2001)。
(7)《民用建筑设计通则》(GB 50352—2005)。
(8)《工业企业总平面设计规范》(GB 50187—93)。
(9)《建筑设计防火规范》(GB 50016—2006)。

二、工程概况
(1)工程名称：_____ 。
建设地点：_____ 。
建设单位：_____ 。
设计主要内容：_____ 。
(2)本工程总建筑面积：1788.32 m²,本工程建筑基底总面积：344.10 m²。
(3)建筑类别：丙类厂房。
(4)建筑层数、高度：地上 五 层，建筑高度 18.900 m。
(5)建筑结构形式为：框架 结构。
合理使用年限为 50 年，抗震设防烈度为 <6 度。
(6)建筑物耐火等级为 二 级，建筑防雷类别为 三 类，
屋面防水等级为 二 级。

三、设计标高
(1)本工程±0.000相当于绝对标高为 15.000 m,比室外地坪高 0.300m 。
(2)各层标注标高为建筑完成面标高，屋面标高为结构面标高。
(3)本工程标高以m为单位，总平面图尺寸以m为单位，其他尺寸以mm为单位。

四、墙体工程
1.墙体的基础部分详见结施图。
2.零标高的隔墙除另有要求者外，均随混凝土垫层做元宝基础，上底宽500mm,下底宽300mm,高300mm;位于楼层的隔墙可直接安置于结构梁(板)上。
3.墙身防潮层：在室内地坪下约60处(高20厚1:2水泥砂浆内加3%～5%防水剂的墙身防潮层(在此标高为钢筋混凝土构造，或下为砖石结构时可不做),室内地坪标高有变化处防潮层应重叠搭接150mm,并在有高低差墙土一侧的墙身20厚1:2水泥砂浆防潮层，如埋土一侧为室外，还加 丙烯酸酯防水涂料。
4.墙体留洞及封堵：
(1)钢筋混凝土墙上的留洞见结施和设备图。
(2)砌体墙预留洞见建施和设备图。
(3)预留洞的封堵：混凝土墙的封堵见结施，其余砌筑墙预留洞待管道设备安装完毕后，用C20细石混凝土填实；变形缝为双墙预留洞的封堵，应在双墙分别增设套管，套管与穿墙管有间隙者 聚氨酯建筑密封膏。

五、屋面工程
(1)本工程的屋面防水等级为 二 级，防水合理使用年限为 15 年，做法为见节点详图。
(2)屋面做法及节点索引见建施图，屋面平面图、露台、雨篷等见各层平面图及详图。
(3)屋面排水组织见屋面平面图，内外排水雨水管见水施图，雨水管采用 φ100PVC 。

六、门窗工程
(1)建筑外门窗抗风压性能分级为 5级，气密性能分级为 3级，水密性能分级为 3级，保温性能分级为 6级，隔热性能分级为 6级，隔声性能分级为 6级。
(2)门窗玻璃的选用应遵照《建筑玻璃应用技术规程》和《建筑安全玻璃管理规定》发改运行(2003)2116号及地方主管部门的有关规定。门立面图表示洞口尺寸，门窗加工尺寸要按照装修面厚度由承包商予以调整。
(3)外门窗详墙身节点图，内门窗在楼详图中另有注明者外，立樘位置为 内侧平，管道竖井设计樘高为 300 mm。
(4)门选料、颜色、玻璃见：门窗表附注，门窗五金件要求为 不锈钢配件。
(5)防火墙和公共走廊上应敞用的平开防火门应设闭门器，双扇平开防火门安装闭门器和顺序器，带开防火门安装信号控制闭闭和反馈装置。

七、外装修工程
(1)外装修设计和做法索引见立面图及外墙详图。
(2)外装修选用的各项材料其材质、规格、颜色等，均由施工单位提供样板，经建设和设计单位确认后封样，并据此验收。

八、内装修工程
(1)内装修工程执行《建筑内部装修设计防火规范》,楼地面部分执行《建筑地面设计规范》,一般装修见室内装修做法表。
(2)楼地面标高交接处与地坪高度变化处，除图中另有注明者外均位于齐平门扇开启面处。
(3)凡设有地漏的房间或应做防水层，图中未注明整个房间做坡度者，均在地漏周围1m范围内做1%～2%坡度坡向地漏，邻水房间的楼地面标高低于相邻的楼地面大于20mm或做挡水门槛，邻水内侧墙中楼地面上翻素混凝土挡水，高200mm,宽120mm,C20混凝土。
(4)防静电、防震、防腐蚀、防爆、防辐射、防火、屏蔽等特殊装修，做法详见相关图集。
(5)内装修选用的各项材料，均由施工单位提供样板，经建设和设计单位确认后封样，并据此验收。

九、油漆涂料工程
(1)室内装修所采用的油漆涂料见室内装修做法表。
(2)外木(钢)门窗油漆选用 本 色 醇酸磁 漆，做法为 一底两度 ；内木门窗油漆选用 本 色 醇酸磁 漆，做法为 一底两度 (含门套构造)。
(3)楼梯平台护窗钢栏杆选用 银白一色 醇酸磁 漆，做法为 一底两度 (钢构件除锈后钉刷防锈漆两道)。
(4)木扶手油漆选用 本色 醇酸磁 漆，做法为 一底两度 。
(5)室内外露明金属件的油漆在刷防锈漆两道后，再做同室内外部位相同颜色的 调和 漆，做法为 一底两度 。
(6)各种油漆涂料，均由施工单位提供样板，经建设和设计单位确认后封样，并据此验收。

十、建筑设备、设施工程
(1)工程电梯设计，选型见电梯选型表，电梯对建筑要求见电梯图。
(2)卫生洁具、成品隔断均由建设单位与设计单位商定，并应与施工配合。
(3)灯具、送回风口等影响美观的器具须经建设单位与设计单位确认样品后，方可批量加工安装。

十一、其他施工中注意事项
(1)图中所选用标准图中有对应结构施工种的预埋件、预留洞本图所标注的各种留洞与预埋件与各工种密切配合后，确认无误方可施工。
(2)两种材料的墙体交接处，应根据饰面材质在做饰面前前加钉金属网或在施工中加贴玻璃丝网格布，防止裂缝。
(3)预埋木砖及贴邻墙体的木质面均做防腐处理，露明铁件均做防锈处理。
(4)楼板留洞待设备管线安装完毕后，用C20细石混凝土封堵密实；管道竖井每 隔 层进行封堵。
(5)施工中应严格执行国家各项施工验收规范。

附注：
1.踢脚高度均为：120mm。
2.图中所注防水涂料层均为:丙烯酸防水涂膜(2厚)。
3.卫生间楼面低于相邻房间楼面标高30mm,淋浴部位四周墙面做1.5厚丙烯酸防水涂膜防水层至窗顶上150mm。
4.所有窗台低于900mm的，均做1050mm高不锈钢护栏。

电 梯 选 型 表

名称	电梯载质量(kg)	额定速度(m/s)	停层	站数	提升高度(m)	台数	备注
载货电梯	2000	0.5	5	5	15.000	1	

门 窗 汇 总 表

类别	设计编号	洞口尺寸(mm) 宽	洞口尺寸(mm) 高	樘数	采用标准图集及编号 图集代号	采用标准图集及编号 编号	备注
门	M0721	700	2100	10	浙J2—93		板材采用实木门扇，框材需经防火浸漆剂处理
	M1221	1200	2100	1	浙J2—93		
	M1521	1500	2100	2	浙J2—93		
	乙级MFM1321	1300	2100	10	浙J23—95		乙级防火门
	乙级MFM1512	1500	2100	2	浙J23—95		
窗	C1			16	99浙J7		香槟色铝合金型材5厚 白色浮珠玻璃
	C2			64	99浙J7		
	LTC0912	900	1200	5	99浙J7		
	LTC0918	900	1800	6	99浙J7		
	LTC1218	1200	1800	4	99浙J7		
	LTC2118	2100	1800	7	99浙J7		

室 内、外 装 修 做 法 表

层数	房间名称	楼地面 名称	楼地面 编号	踢脚 名称	踢脚 编号	内墙面 名称	内墙面 编号	顶棚 名称	顶棚 编号	备注
一层	车间	地面1	2000浙J37	踢1	2000浙J37	内墙1	浙85J801	顶棚1	浙85J801	面层设缝内墙涂料面，基层须细拉毛顶棚涂料面
	卫生间	地面2	2000浙J37	踢2	2000浙J37	内墙1	浙85J801	顶棚1	浙85J801	
二三四五层	车间	楼面1	2000浙J37	踢1	2000浙J37	内墙1	浙85J801	顶棚1	浙85J801	面层设缝内墙涂料面，基层须细拉毛顶棚涂料面
	卫生间	楼面2	2000浙J37	踢2	2000浙J37	内墙1	浙85J801	顶棚1	浙85J801	
	楼梯间	楼面1	2000浙J37	踢1	2000浙J37	内墙1	浙85J801	顶棚1	浙85J801	楼梯踏面板面加设防滑滑条

室外基层	外墙涂料面	外墙面砖面	花岗岩面
	15厚1:3水泥砂浆分层抹平 6厚1:2.5水泥砂浆细拉毛	15厚1:3水泥砂浆分层抹平 6厚1:2水泥砂浆黏结层 内掺SN建筑黏结剂	清理基层，柱面布设φ6钢筋，用铜丝连接件 25-30厚1:2水泥砂浆分层灌浆，20厚花岗岩板面做酸擦净地板擦素光

柱、墙基层	阳角部位：采用20厚1:1水泥砂浆护角，每边50mm宽，高2000mm 面层同前同层其他面

电梯井道、管道井基层	15厚1:3水泥砂浆分层抹平 6厚1:2水泥砂浆找平层

审 定		兴建单位	××工程公司		
审 核		工程名称	某厂房	合同号	
校 对		图 名	建筑说明 电梯选型表 门窗汇总表 室内、外 装修做法表	图 别	建施
设 计				图 号	01
制 图				日 期	2010.01

××建筑设计有限公司

签字齐全 盖章有效

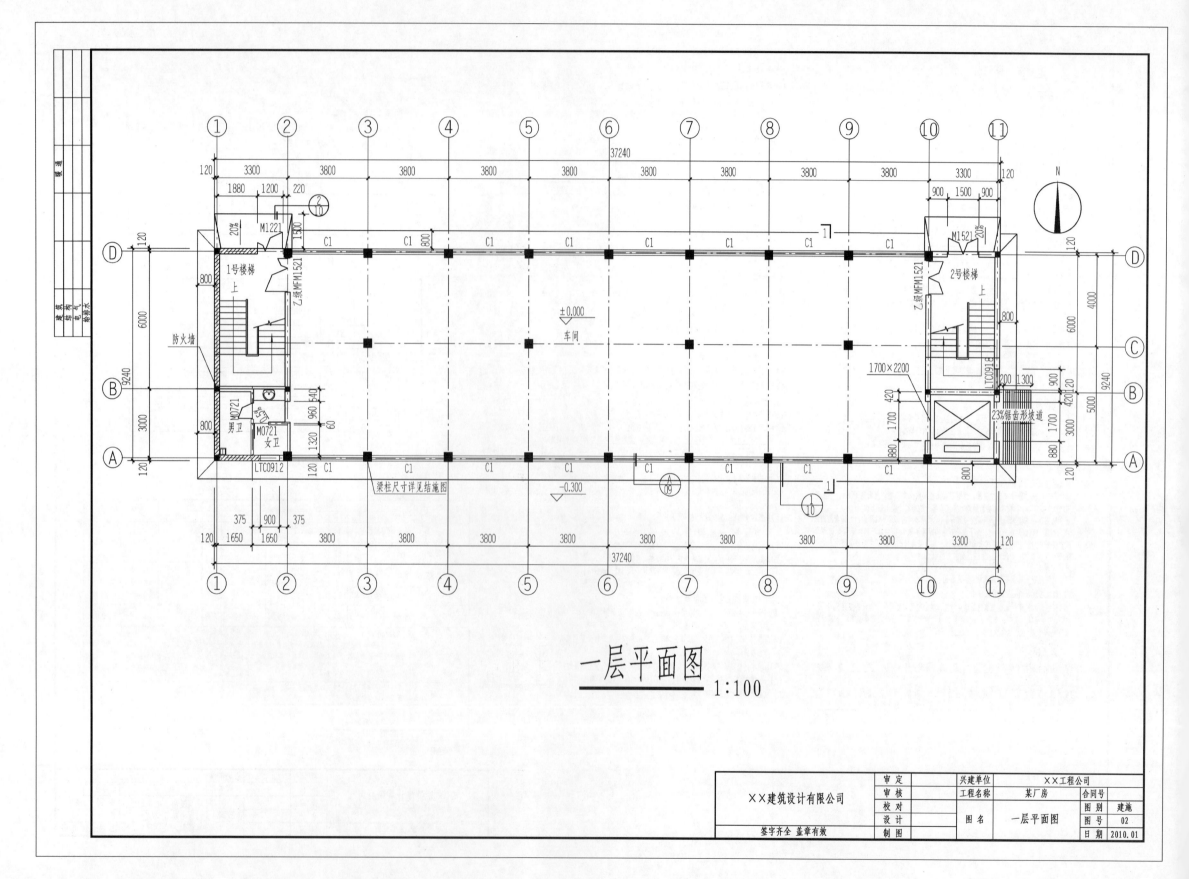

一层平面图
1:100

××建筑设计有限公司	审定	兴建单位	××工程公司	合同号	
	审核	工程名称	某厂房		图别	建施
	校对			图号	02
	设计	图名	一层平面图		
签字齐全 盖章有效	制图			日期	2010.01

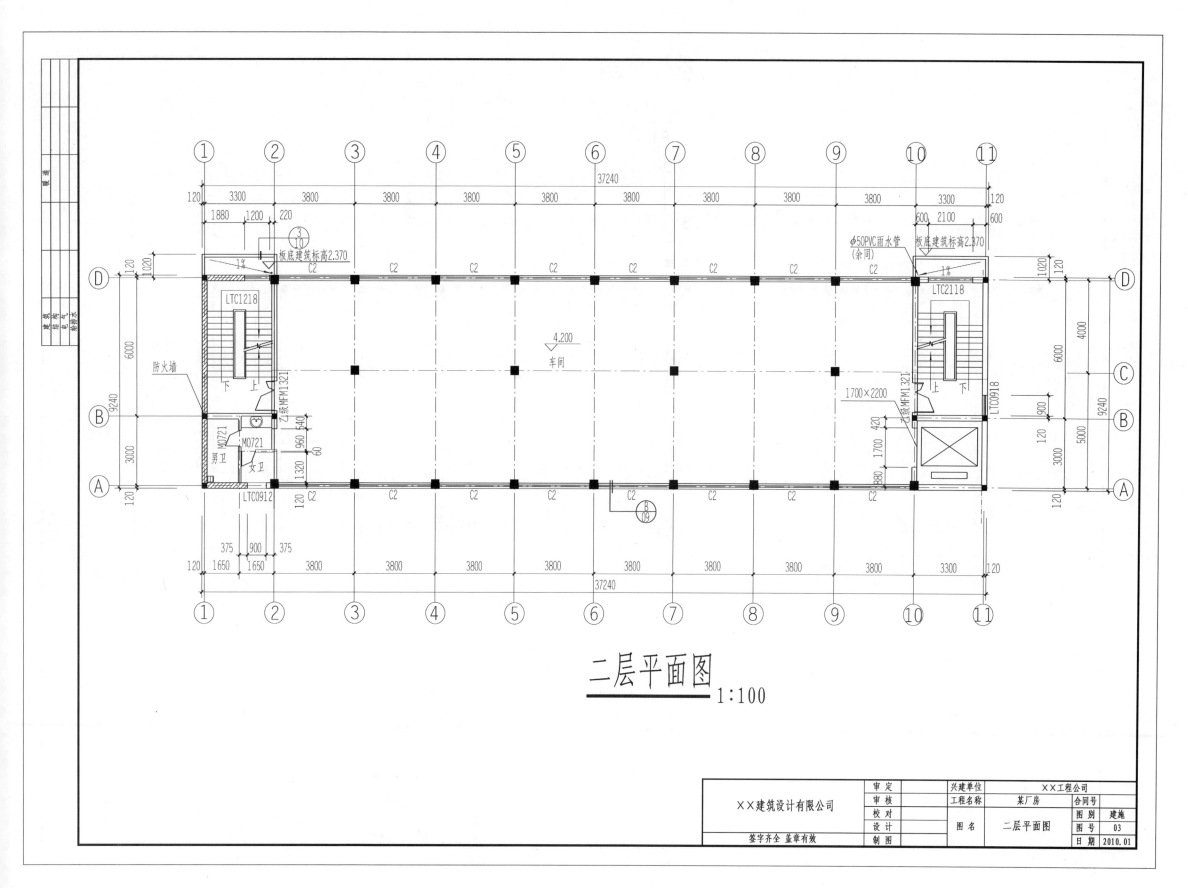

二层平面图 1:100

XX建筑设计有限公司	审定	兴建单位	XX工程公司		
	审校	工程名称	某厂房	合同号	
	校对			图别	建施
	设计	图名	二层平面图	图号	03
签字齐全 盖章有效	制图			日期	2010.01

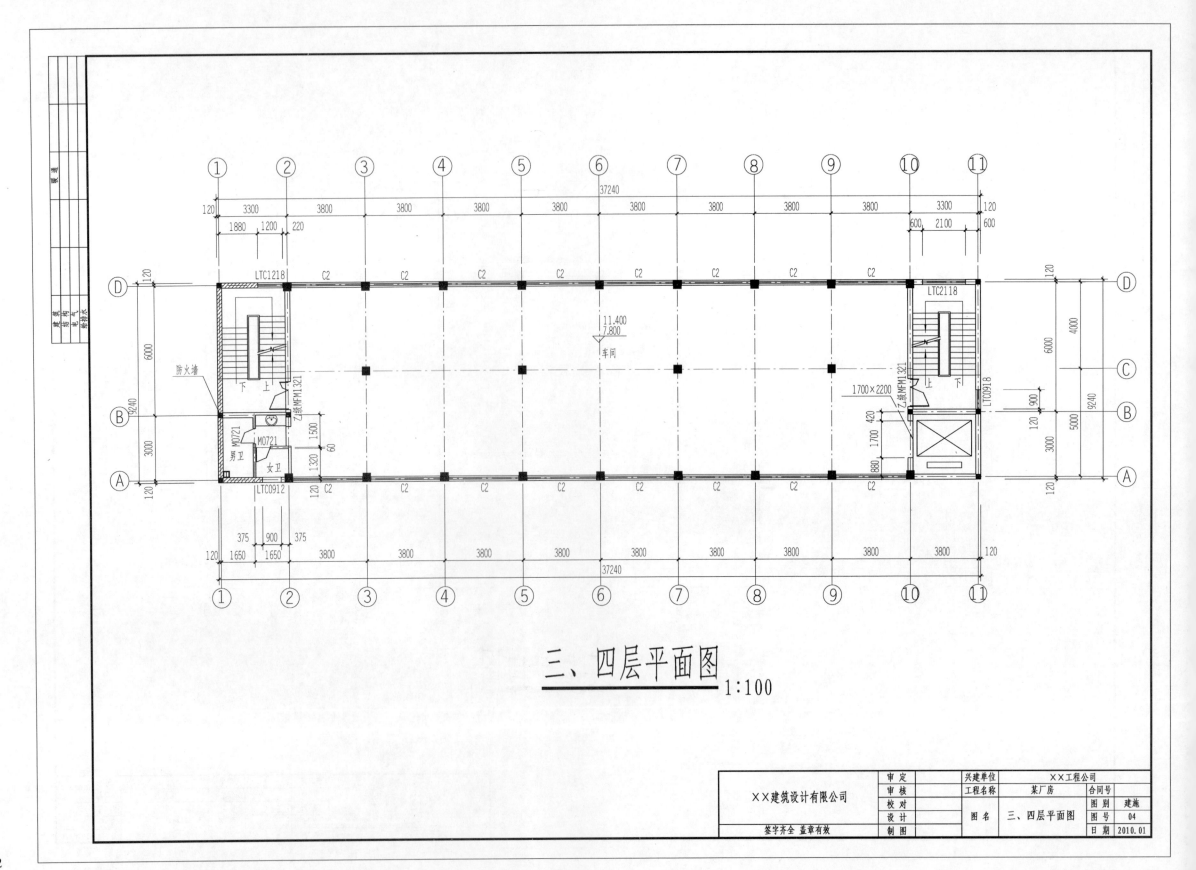

三、四层平面图 1:100

××建筑设计有限公司	审　定		兴建单位	××工程公司			
	审　核		工程名称	某厂房		合同号	
	校　对					图别	建施
	设　计		图　名	三、四层平面图		图号	04
签字齐全 盖章有效	制　图					日期	2010.01

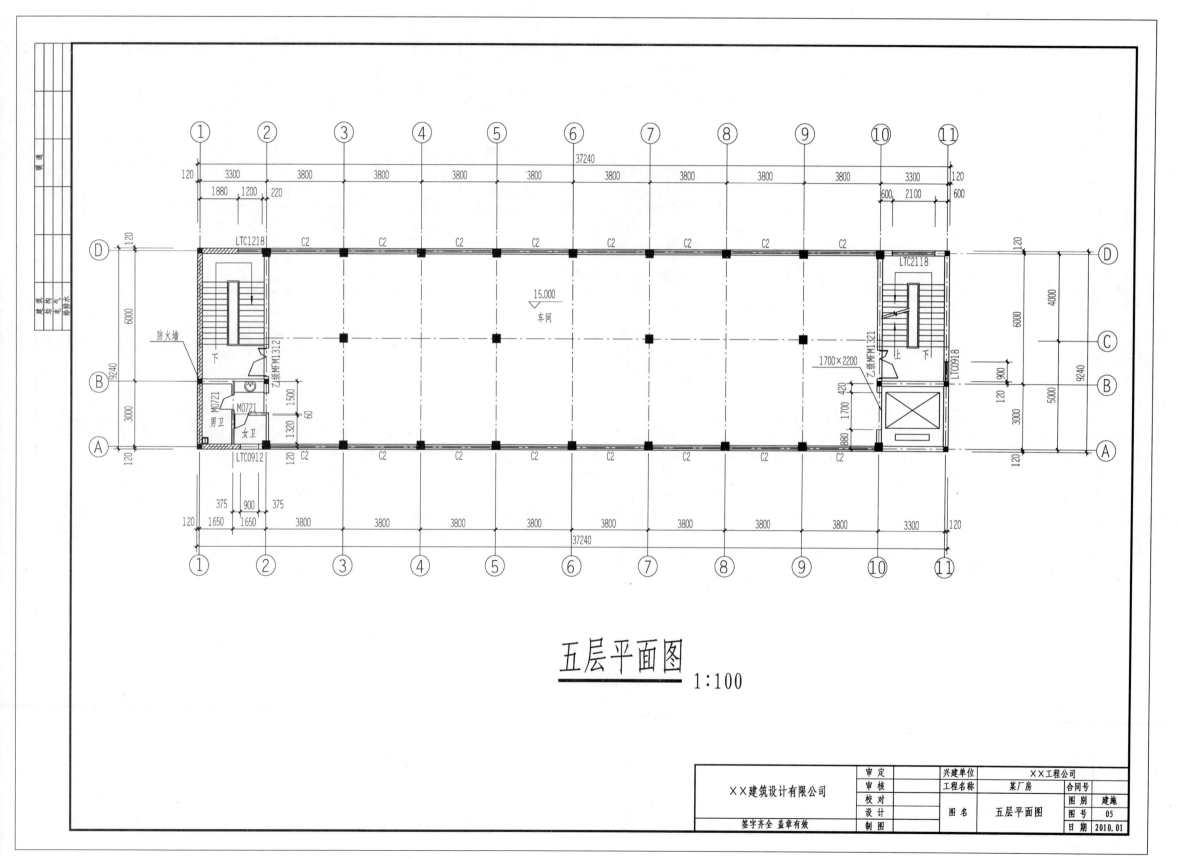

五层平面图 1:100

××建筑设计有限公司	审 定		兴建单位	××工程公司		
	审 核		工程名称	某厂房	合同号	
	校 对				图别	建施
	设 计		图 名	五层平面图	图号	05
签字齐全 盖章有效	制 图				日期	2010.01

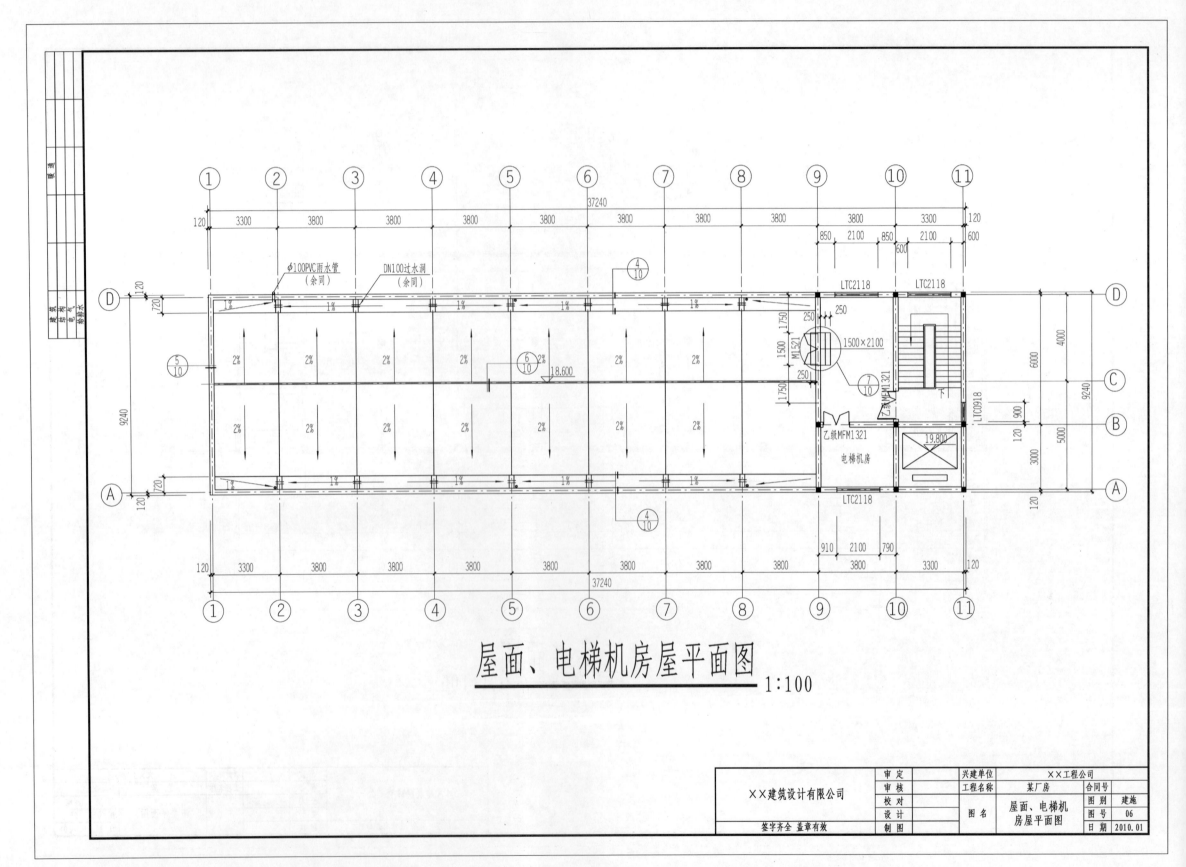

屋面、电梯机房屋平面图 1:100

××建筑设计有限公司	审 定		兴建单位	××工程公司
	审 核		工程名称	某厂房	合同号	
	校 对		图 名	屋面、电梯机房屋平面图	图 别	建施
	设 计				图 号	06
签字齐全 盖章有效	制 图				日 期	2010.01

24

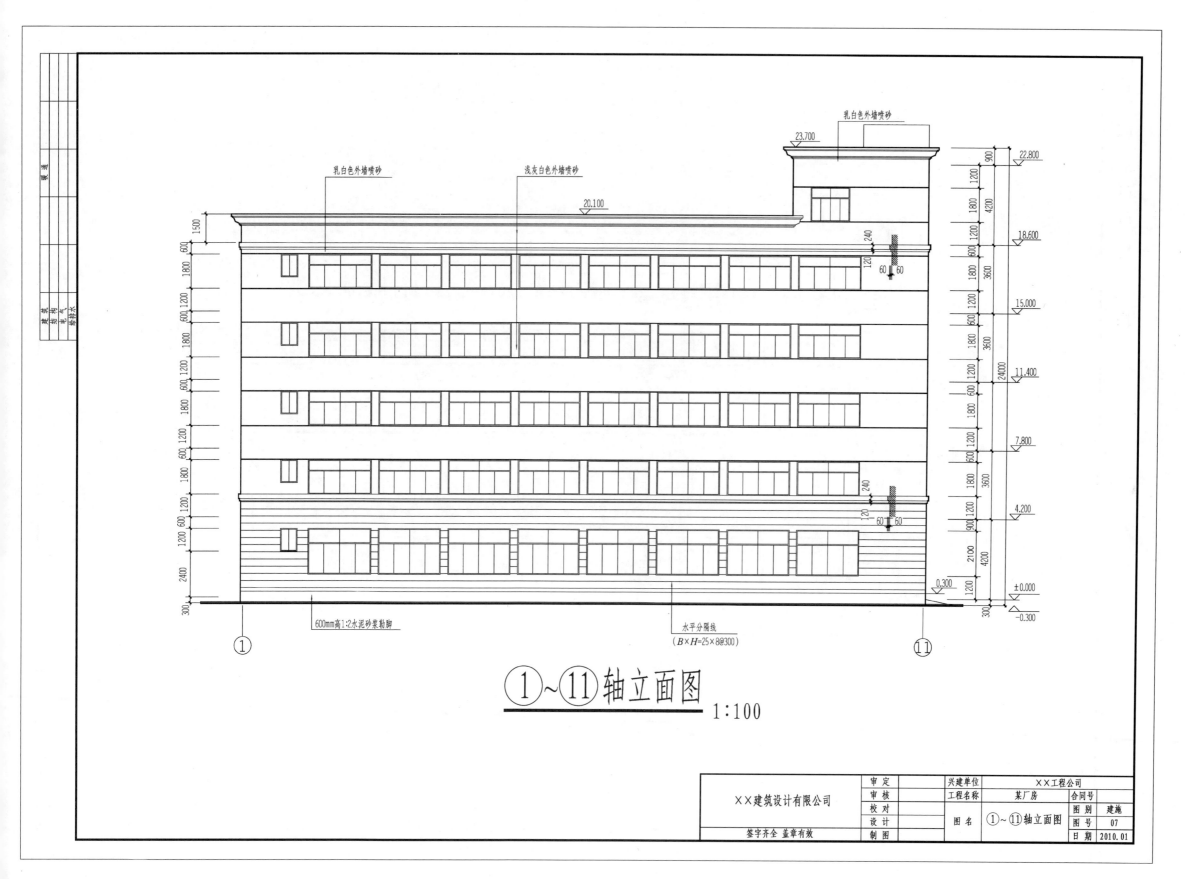

乳白色外墙喷砂

乳白色外墙喷砂　　　　　浅灰白色外墙喷砂

①~⑪轴立面图
1:100

600mm高1:2水泥砂浆勒脚

水平分隔线
（B×H=25×8@300）

××建筑设计有限公司	审 定		兴建单位	××工程公司		
	审 核		工程名称	某厂房	合同号	
	校 对				图 别	建施
	设 计		图 名	①~⑪轴立面图	图 号	07
签字齐全 盖章有效	制 图				日 期	2010.01

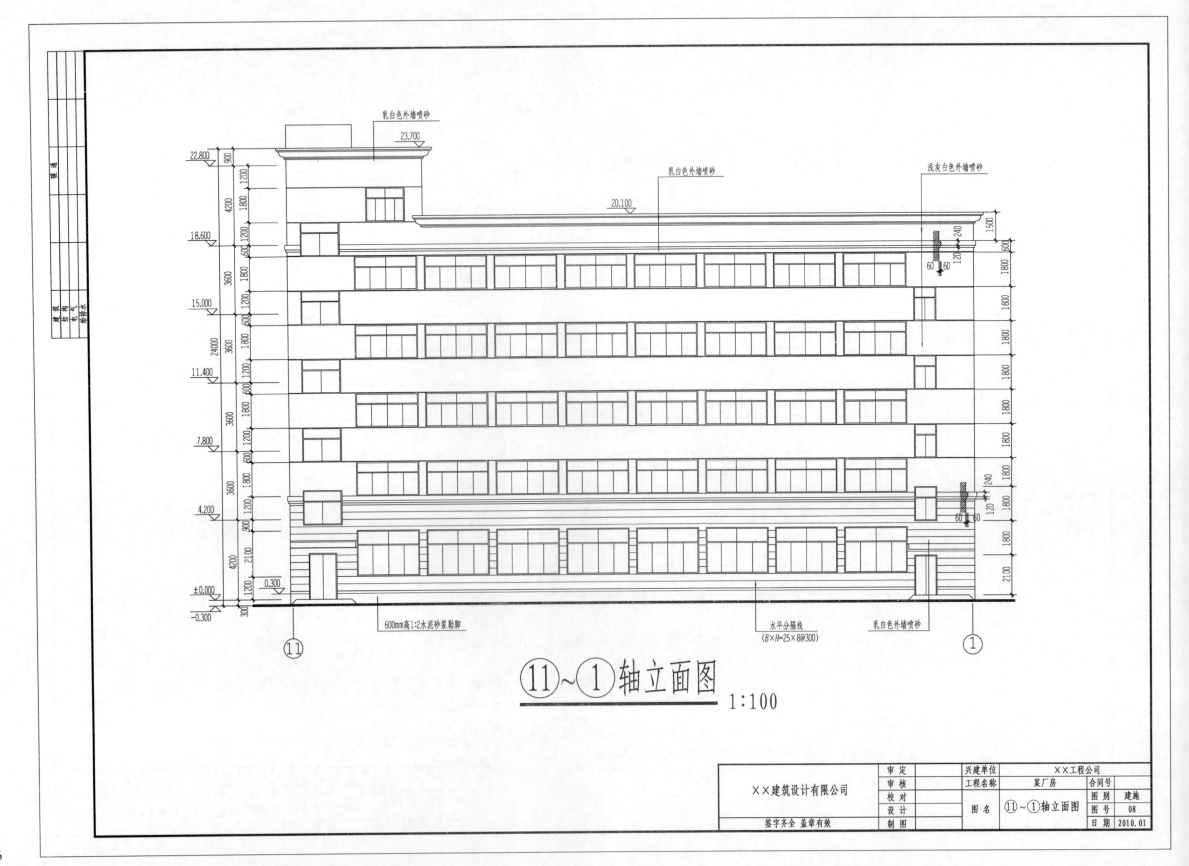

乳白色外墙喷砂

23.700

乳白色外墙喷砂

浅灰白色外墙喷砂

20.100

⑪~① 轴立面图
1:100

600mm高1:2水泥砂浆勒脚

水平分隔线
(B×H=25×8@300)

乳白色外墙喷砂

××建筑设计有限公司	审 定		兴建单位	××工程公司	合同号	
	审 核		工程名称	某厂房	图 别	建施
	校 对				图 号	08
	设 计		图 名	⑪~①轴立面图		
签字齐全 盖章有效	制 图				日 期	2010.01

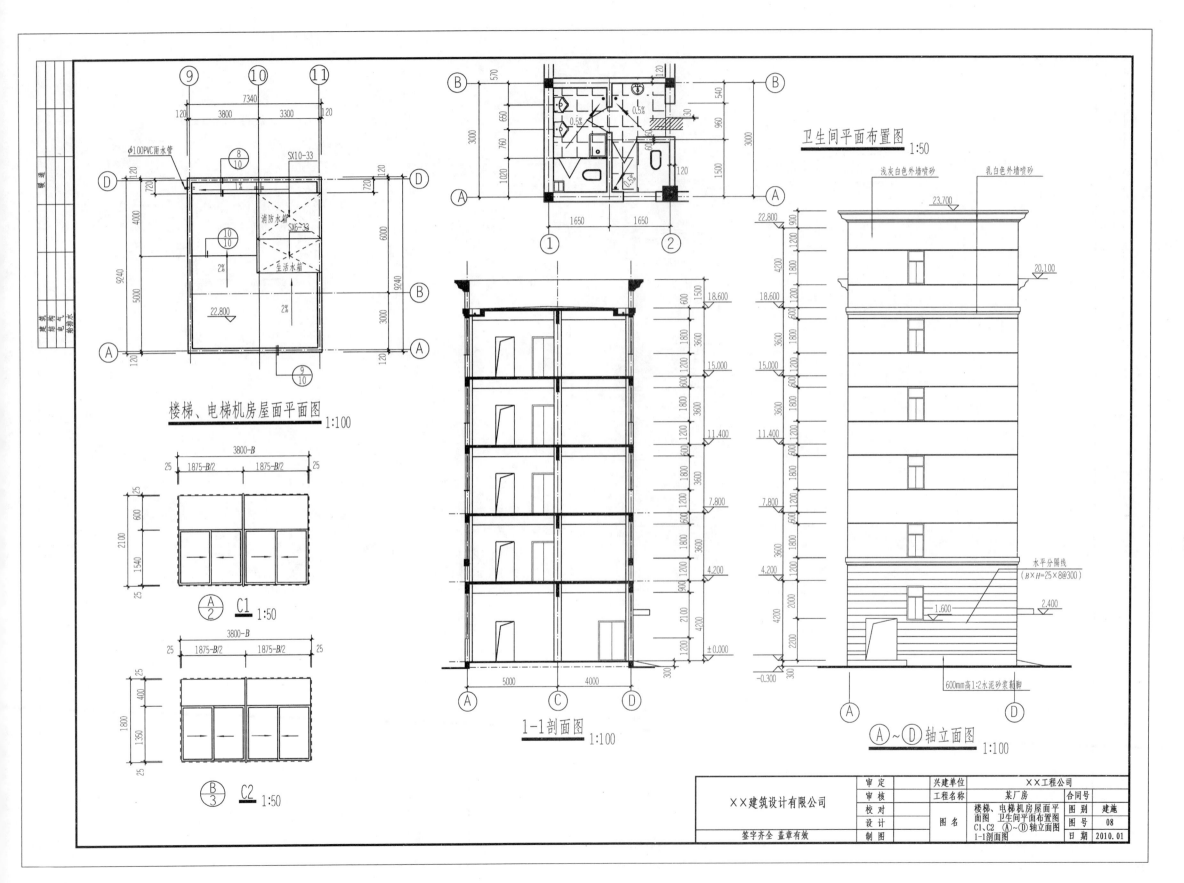

楼梯、电梯机房屋面平面图 1:100

$\underset{2}{A}$ C1 1:50

$\underset{3}{B}$ C2 1:50

卫生间平面布置图 1:50

1-1剖面图 1:100

$\underset{}{A}$~$\underset{}{D}$轴立面图 1:100

×× 建筑设计有限公司	审 定		兴建单位	×× 工程公司		
	审 核		工程名称	某厂房	合同号	
	校 对		图 名	楼梯、电梯机房屋面平面图 卫生间平面布置图 C1、C2 Ⓐ~Ⓓ轴立面图 1-1剖面图	图 别	建施
	设 计				图 号	08
签字齐全 盖章有效	制 图				日 期	2010.01

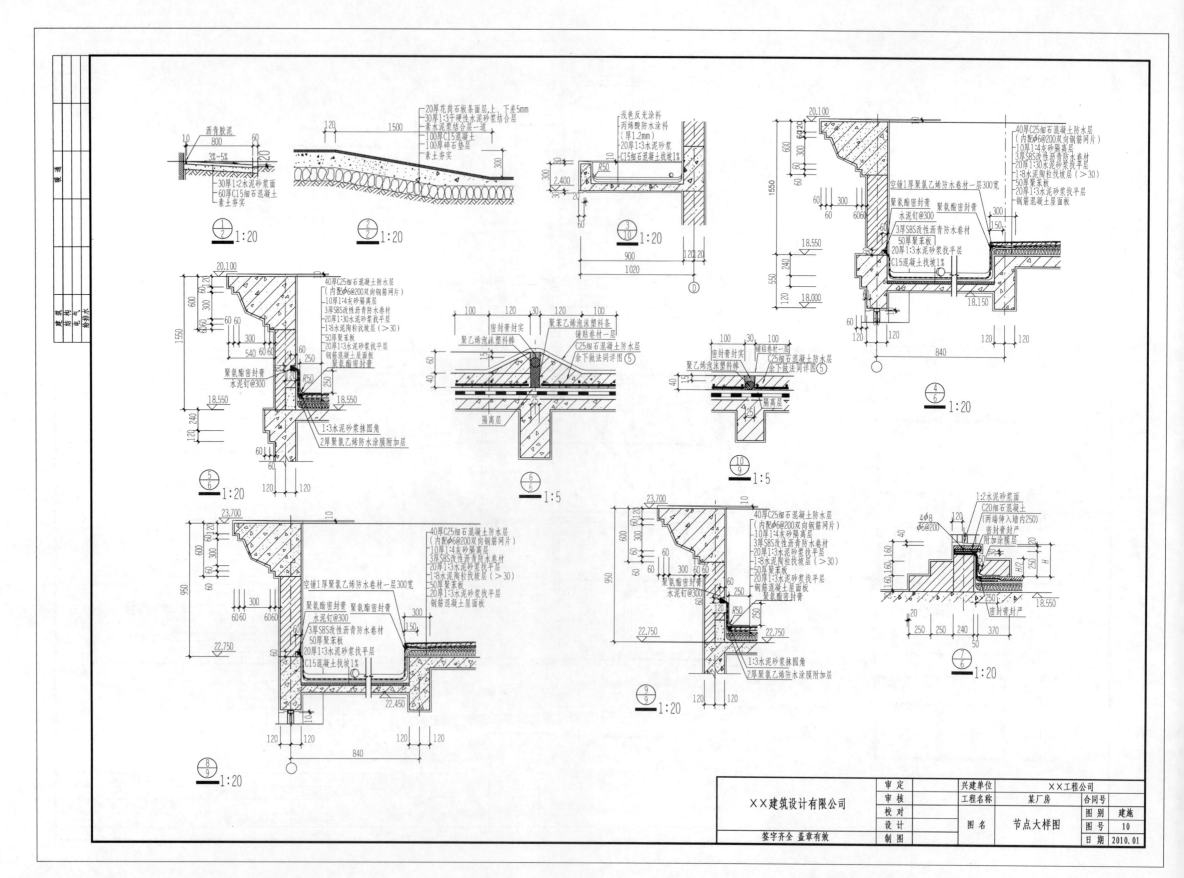

		兴建单位	××工程公司		
××建筑设计有限公司	审定	工程名称	某厂房	合同号	
	审核			图别	建施
	校对	图名	节点大样图	图号	10
	设计				
签字齐全 盖章有效	制图			日期	2010.01

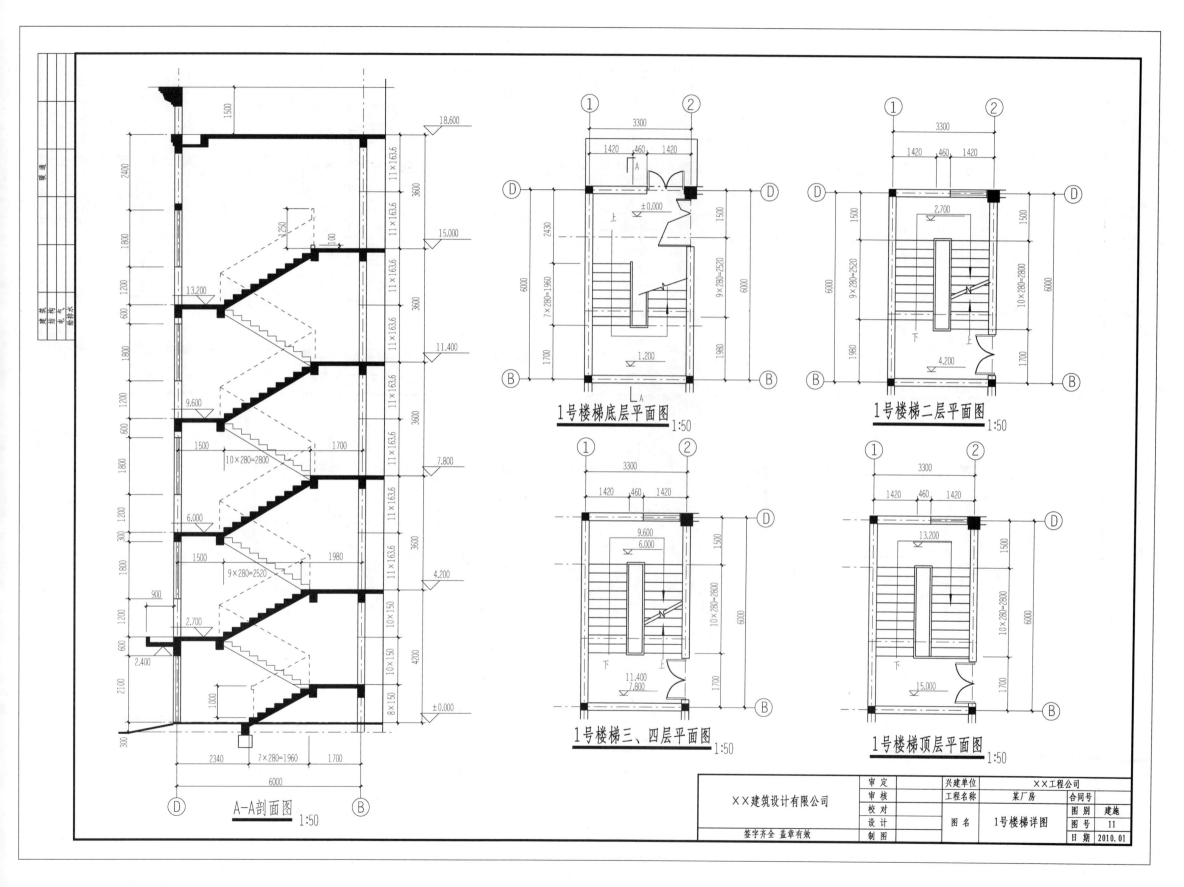

A—A剖面图 1:50

1号楼梯底层平面图 1:50

1号楼梯二层平面图 1:50

1号楼梯三、四层平面图 1:50

1号楼梯顶层平面图 1:50

××建筑设计有限公司	审定		兴建单位	××工程公司		
	审核		工程名称	某厂房	合同号	
	校对				图别	建施
	设计		图名	1号楼梯详图	图号	11
签字齐全 盖章有效	制图				日期	2010.01

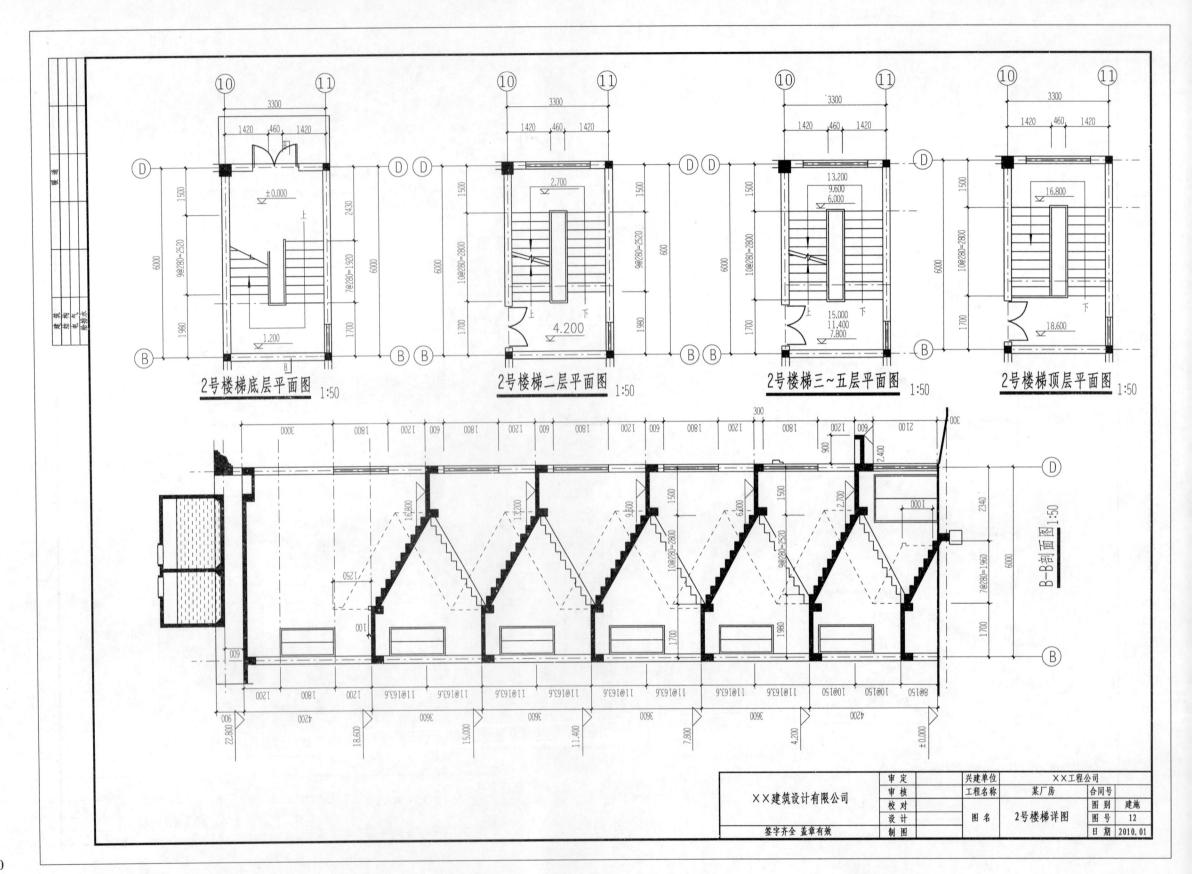

2号楼梯底层平面图 1:50

2号楼梯二层平面图 1:50

2号楼梯三~五层平面图 1:50

2号楼梯顶层平面图 1:50

B—B剖面图 1:50

XX建筑设计有限公司	审定	兴建单位	XX工程公司		
	审核	工程名称	某厂房	合同号	
	校对			图别	建施
	设计	图名	2号楼梯详图	图号	12
签字齐全 盖章有效	制图			日期	2010.01

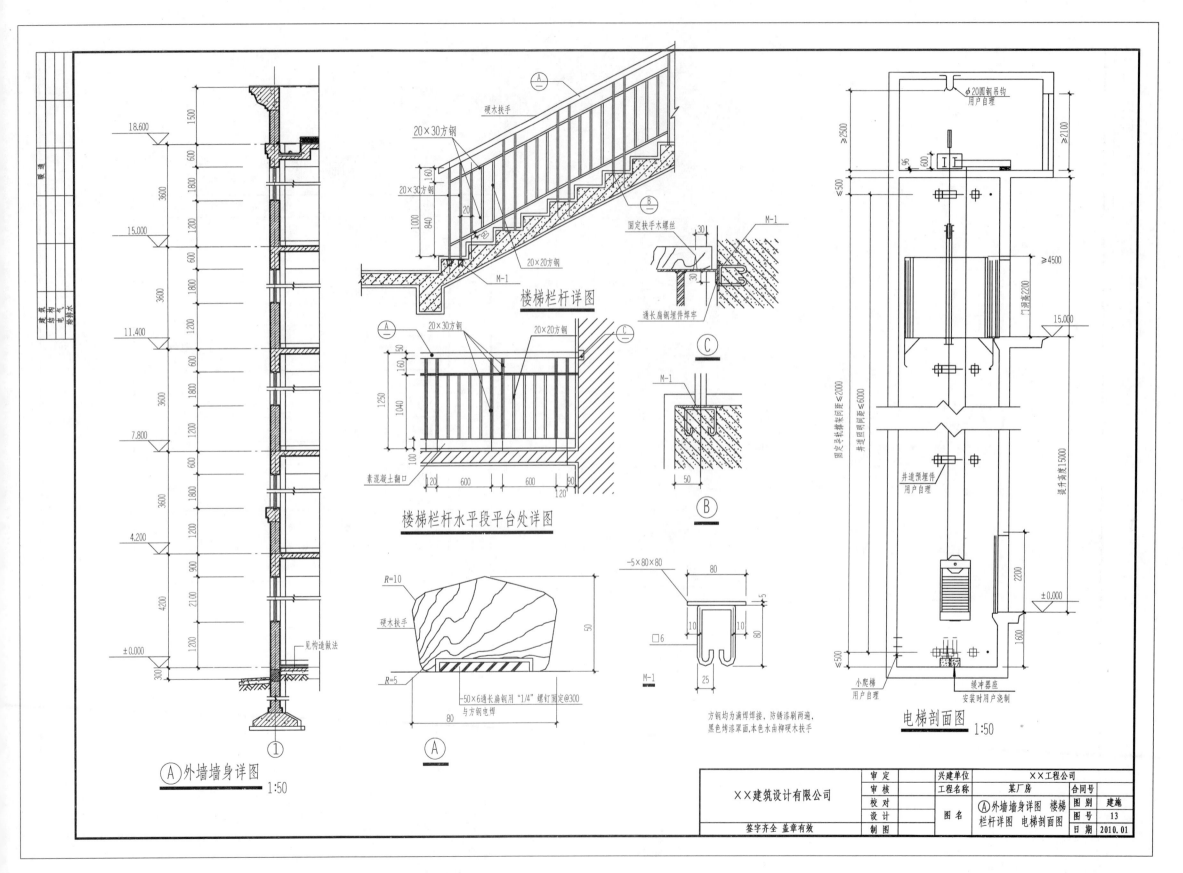

楼梯栏杆详图

楼梯栏杆水平段平台处详图

电梯剖面图 1:50

Ⓐ 外墙墙身详图 1:50

方钢均为满焊焊接，防锈漆刷两遍，
黑色烤漆罩面，本色水曲柳硬木扶手

M-1

××建筑设计有限公司	审 定		兴建单位		××工程公司		
	审 核		工程名称		某厂房	合同号	
	校 对		图 名	Ⓐ外墙墙身详图 楼梯栏杆详图 电梯剖面图		图别	建施
	设 计					图号	13
签字齐全 盖章有效	制 图					日期	2010.01

31

结构施工图图纸目录

序号	图别图号	图 纸 名 称
1	结施00	图纸目录
2	结施01	结构设计总说明（一）
3	结施02	结构设计总说明（二）
4	结施03	结构设计总说明（三）
5	结施04	柱、墙定位布置平面图
6	结施05	基础平面布置图
7	结施06	基础大样图
8	结施07	柱配筋详图
9	结施08	二层梁配筋图
10	结施09	二层楼板配筋图
11	结施10	三~五层梁配筋图
12	结施11	三~五层楼板配筋图
13	结施12	屋面层梁配筋图
14	结施13	屋面板配筋图
15	结施14	楼梯机房屋面层梁配筋图　楼梯机房屋面楼板配筋图
16	结施15	1号楼梯剖面图　2号楼梯剖面图

(2)某厂房结构施工图

××建筑设计有限公司	审定		兴建单位	××工程公司		
	审核		工程名称	某厂房	合同号	
	校对				图别	结施
	设计		图名	图纸目录	图号	00
签字齐全 盖章有效	制图				日期	2010.01

结构设计总说明

一、工程概况

某厂房,总建筑面积约为1788m²。

概况见下表:

项 目	地上层数	地下层数	高度(m)	结构形式	基础类型	人防情况
某厂房	五层		15.050	框架	柱下独基	

二、建筑结构的安全等级及设计使用年限

概况见下表:

建筑结构的安全等级	设计使用年限	建筑抗震设防类别	地基基础设计等级
二级	五十年	无	丙级

三、自然条件

1.概况见下表:

基本风压	基本雪压	地面粗糙度	场地地震基本烈度	抗震设防烈度	建筑场地土类别
$W_0=0.35kN/m^2$	$S_0=0.55kN/m^2$	B类	<6度	不设防	Ⅱ类

2.场地的工程地质及地下水条件:

(1)依据的岩土工程勘察报告为×××工程勘察院____年__月__日提供的《岩土工程勘察报告》(详勘)。

(2)地形地貌:

本工程场地地貌属丘,地形基本平坦,场地内无溶洞、坟墓;场地上空无通信线、高压线通过,场地地下无管线等障碍物,地形地貌简单。

(3)场地自上而下各层的工程地质特征如下:

1、素填土,厚度 0.20~1.10m;

2-1、全风化泥质粉砂岩,厚度 0.13~0.93m;

2-2、强风化泥质粉砂岩,厚度 1.31~1.98m;

2-3、中风化泥质粉砂岩,厚度 0.55~2.15m。

(4)地下水:

场地地内地下水主要为第四系孔隙潜水及风化基岩裂隙水,水位埋深为3.540~3.800m,该区地下水及地基土对混凝土无侵蚀作用。

(5)地土类型及建筑场地类别:

场地土类型为中软土,建筑场地地类别为Ⅱ类,非地震液化区。

(6)地基基础方案及结论:

本工程基础采用浅基持力层钢筋混凝土柱下独基,独基持力层为2-2强风化泥质粉砂岩,持力层地基承载力特征值为350kPa。

四、本工程相对标高±0.00相对绝对标高_15.000_m

五、本工程设计遵循的标准、规范、规程和图集

(1)《建筑结构可靠度设计统一标准》(GB 50068—2001);

(2)《建筑结构荷载规范》(GB 50009—2001);

(3)《混凝土结构设计规范》(GB 50010—2002);

(4)《建筑地基基础设计规范》(GB 50007—2002);

(5)《建筑桩基技术规范》(JTG 94—2008);

(6)《建筑地基处理技术规范》(JGJ 79—2002);

(7)《砌体结构设计规范》(GB 50003—2001)

(8)《钢筋混凝土连续梁和框架考虑内力重分布设计规范》(CECS 51:93)。

(9)国家及地方的其他有关规范、规程及法律法规。

(10)选用图集目录:

序号	图集名称	图集代号	备注
1	混凝土结构施工图平面整体表示方法制图规则和构造详图	03G101-1	
2	钢筋混凝土过梁	03GL322-2	
3	钢筋混凝土柱箱	2004冀S3	
4	多孔砖墙体结构构造	96SG612	

六、本工程设计计算所采用的计算程序

(1)采用"多层建筑结构空间有限元分析与设计软件——SATWE"进行结构整体分析。

(2)采用"土木工程地基基础计算机辅助设计系统——基础CAD"进行基础计算。

七、本工程活荷载取值

本工程设计均布活荷载取值依据建筑图中标明使用功能用途和《建筑结构荷载规范》(GB 50009—2001),以及业主和工艺特殊要求确定,在施工和实际使用过程中,不得任意更改。

单位:(kN/m²)

部位	二~五层楼面	楼梯间	消防接梯	电梯机房	上人平屋面	不上人坡屋面
荷载	4.0	3.5	3.5	7.0	2.0	0.55

八、地基基础

(1)本工程地基基础设计等级为丙级。

(2)本工程采用钢筋混凝土独立基础浅基方案,基坑采用放坡开挖局部支护,基础持力层为2-2强风化质粉砂岩,持力层地基承载力特征值为350kPa,基础埋置深度暂定1.200m,基础超深部分用C15毛石混凝土当垫层。基槽开挖完毕后必须经有关单位进行基槽验收合格后方可进入下一道工序进行施工。

(3)基槽底应保持水平,当基槽底面在同一轴线上有较大高差时,可采用台阶式处理,台阶的高宽比应小于1:2,且台阶高度每级不得超过500mm,基础混凝土除设计需预留外应整体连续一次浇灌。

(4)基础砌体两侧用20厚1:2防水水泥砂浆粉刷。

(5)水、电管线穿基础留洞时,均应在基础梁上预留孔洞或预埋套管。

(6)本工程防雷接地系统应按电气施工图要求实施。

九、主要结构材料

1.钢筋:符号φ为HPB235(q235)热扎钢筋,$f_y=210N/mm^2$;$f_y'=210N/mm^2$;

符号Φ为HRB335(20MnSi)热扎钢筋,$f_y=300N/mm^2$;$f_y'=300N/mm^2$;

符号Φ为HRB400(q235)热扎钢筋,$f_y=360N/mm^2$;$f_y'=360N/mm^2$。

普通钢筋的抗拉强度实测值与屈服强度的实测值的比值不应小于1.25,且钢筋的屈服强度实测值与强度标准值不应大于1.3。

2.焊条:E43系列用于焊接HPB235钢筋、Q235B钢板及型钢,E50系列用于焊接HRB335钢筋,E55系列用于焊接HRB400钢筋。

3.混凝土:

项目名称	构件部位	混凝土强度等级	备注
	基础	C25	
	柱	C25	
	梁、板	C25	
某厂房	构件	C25	
	基础垫层	C15	
	圈梁、构造柱、现浇过梁	C25	
	标准构件		按标准图要求
	后浇带		采用高一级的加微膨混凝土

注:(1)本工程环境类别:地下部分及屋面、雨蓬、檐沟钢筋混凝土的环境类别为二a类,其余均为一类。

(2)结构混凝土耐久性的基本要求之一。

环境类别		最大水灰比	最小水泥用量(kg/m³)	最低混凝土强度等级	最大氯离子含量(%)	最大碱含量(kg/m³)
一		0.65	225	C20	1.0	不限制
二	a	0.60	250	C25	0.3	3.0
	b	0.65	275	C30	0.2	3.0
三		0.50	300	C30	0.1	3.0

(4)本工程耐火等级为二级,主要构件耐火极限见下表:

主要构件	多孔砖承重墙	钢筋混凝土柱	钢筋混凝土梁	钢筋混凝土楼板	楼梯
耐火极限	2.50h	2.50h	1.50h	1.00h	1.00h

(5)建议电梯坑底采用FS型防水外加剂。外加剂供应方应提供详细的试验数据,试验数据必须符合国家对处添加剂的要求。供应方还应提供详细的施工方案和施工要求,保证外加剂的正确使用。

(6)施工时应严格控制水灰比,加强养护,采用合理的施工工序。

(7)砌体:砌体工程施工质量控制等级为B级。

砌体工程施工方法如下表:

部位材料	基础砌体 ▽_____以下	承重墙、楼梯间内墙及外围护墙 ▽_____以上	框架填充内墙 ▽_____以上
砖种类	实心烧结粘土砖	烧结混凝土多孔砖	烧结混凝土空心砖
砖强度等级	MU10	MU10	MU7.5
砂浆种类	水泥砂浆	水泥石灰混合砂浆	水泥石灰混合砂浆
砂浆强度	M7.5	M5.0	M5.0

注:1.▽±0.000 以下基础砖砌体两侧用20厚1:2防水水泥砂浆粉刷。

2.防潮层:建筑墙身若防潮层设于是-0.060处,做法为30厚1:2水泥砂浆加5%防水剂。

3.烧结多孔砖:圆孔直径≥22,孔洞率≥25%,且≤35%;

烧结混凝土空心砖:砖块壁厚≥10mm,肋厚≥7mm,孔洞率>35%;

砌体多孔砖施工应遵守《多孔砖砌体技术规范》(JGJ 137—2001)。

PK型烧结多孔砖砌筑采用一顺一顶砌法。

(8)型钢、钢板、钢管:Q235-B。

十、钢筋混凝土结构构造

本工程混凝土主体结构为框架结构,由于所在地区为非抗震区,抗震不设防。

本工程采用国家标准图《混凝土结构施工图平面整体表示方法制图规则和构造详图》(03G101-1)的表示方法。施工图中未注明的构造要求应按照标准图中有关要求执行。

1.主筋的混凝土保护层厚度:

基础地梁:40mm(有防水要求时改为50mm)

梁:25mm(环境类别为二a类时改为30mm)

板:15mm(环境类别为二a类时改为20mm)

柱:30mm

注:(1)各部分主筋混凝土保护层厚度同时应满足不小于钢筋直径的要求;

(2)柱主筋混凝土保护层厚度大于40mm时,在柱梁混凝土保护层中间增加φ4@200×200钢筋网片。

2.钢筋接头形式及要求:

(1)框架梁、框架柱主筋采用直螺纹机械连接接头,其余构件受力钢筋连接接头直径≥22mm时,应采用直螺纹机械连接接头;当受力钢筋直径<22mm时,可采用绑扎连接接头。

(2)接头位置宜设置在受力较小处,在同一跨可变接头宜少设接头。

(3)受力钢筋接头的位置应相互错开,当采用机械接头时,在任一35 d 且不小于500mm区段内,以及当采用绑扎搭接接头时,在任一1.3倍搭接长度的区段内,有接头的受力钢筋截面面积占受力钢筋总截面面积的百分率应符合下表要求:

接头形式	受拉区接头数量	受压区接头数量
机械连接	50	不限
绑扎连接	25	50

3.纵向钢筋的锚固长度、搭接长度:

(1)非抗震设计的普通钢筋的受拉锚固长度 l_a

钢筋种类 混凝土强度等级	C20		C25		C30	
	$d≤25$	$d>25$	$d≤25$	$d>25$	$d≤25$	$d>25$
HPB235	31d	—	27d	—	24d	—
HRB335	39d	42d	34d	37d	30d	33d
HRB400、RRB400	46d	51d	40d	44d	36d	39d

注:1.按上表计算的锚固长度 l_a 小于250(300)时,按250(300)采用。

2.采用环氧树脂涂层钢筋时,其锚固长度乘以修正系数1.25。

3.当钢筋在施工中易受扰动(如滑模施工)时,乘以修正系数1.1。

(2)纵向钢筋的搭接长度 l_l

纵向钢筋的搭接接头百分率	≤25	50	100
纵向受拉钢筋的搭接长度	1.2l_a	1.4l_a	1.6l_a
纵向受压钢筋的搭接长度	0.85l_a	1.0l_a	1.13l_a

注:受拉钢筋搭接长度不应小于300mm,受压钢筋搭接长度不应小于200。

(3)梁上部钢筋在跨中搭接,搭接长度为1l_a且不小于300;下部钢筋在支座处搭接,伸入支座 l_a 并伸于梁(柱)中心线。

4.现浇钢筋混凝土板:

除具体施工图中有特殊规定者外,现浇钢筋混凝土板的施工应符合以下要求:

(1)板的底部钢筋伸入支座长度应≥15d,且应伸入至支座中心线。

(2)板的边支座和中间支座板顶标高不同时,负筋在梁内的锚固应满足受拉钢筋最小锚固长度l_a。

(3)板的底部钢筋短跨钢筋置于下排,长跨钢筋置于上排。

(4)当板底与梁底平时,板的下部钢筋应在梁内预弯折后置于梁的下部纵向钢筋之上。

××建筑设计有限公司	审 定		兴建单位	××工程公司		
	审 核		工程名称	某厂房	合同号	
	校 对				图别	结施
	设 计		图 名	结构设计总说明(一)		
签字齐全 盖章有效	制 图				图号	01
					日期	2010.01

（5）板上孔洞应预留，一般结构平面中只表示出洞口尺寸≥300mm的孔洞，施工时各工种必须根据各专业图纸配合土建预留全部孔洞，不得后留。当孔洞尺寸≤300mm时，不再另加钢筋，板内外钢筋应由洞边绕过，不得截断，见图一。当洞口尺寸>300mm时，应将洞应加筋，按平面图示出的要求施工。当平面图未交代时，一般按图二要求。加筋的长度为单向板支方向或沿板的两个方沿跨度通长，并锚入支座各5d，且应伸入到支座中心线。单向板非受力方向的洞口加筋长度为洞口宽加两侧各40d，且应放在受力钢筋之上。

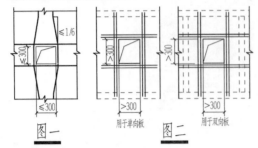

图一　　图二
用于单向板　　用于双向板

（6）图中注明的后浇板，当注明配筋者，钢筋不断；未注明配筋者，均双向配φ8@150置于板底，待设备安装完毕后，再用同强度等级的混凝土浇筑，板厚同周围板。

（7）板内分布钢筋，按注明者见下表：

楼板厚度（mm）	100~140	150~170	180~200	200~220	230~250
分布钢筋	φ8@200	φ8@150	φ10@250	φ10@200	φ12@200

（8）对于外露的现浇钢筋混凝土女儿墙、挑板、栏板、墙口等构件，当其水平直线长度超过2m时，应按图三设置伸缩缝。伸缩缝间距≤12m。

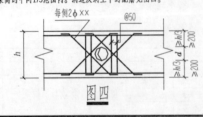

图三

（9）楼板上后砌隔墙的位置应严格遵守建筑施工图，不可随意砌筑。
（10）对横向跨度≥3.6m的板，其模板应起拱，起拱高度为跨度的0.3%。
（11）对短跨度≥3.6m的板，其四周角角处设5根φ10@200放射筋，长度取该板对角线长度的1/4，以防止板四角产生切角裂缝。

5.钢筋混凝土梁：
梁、次梁的设计说明详见《混凝土结构施工平面整体表示方法制图规则和构造详图》(03G101-1)，必须按图集规定施工。
（1）梁内箍筋除单肢箍外，其余采用封闭形式，并做成135°，纵向钢筋为多排时，应加直线段，弯钩在两排或三排钢筋下弯折。梁扭时，上引主钢筋锚固长度按钢筋的受拉锚固度lₐ锚固，箍筋按抗扭做法，箍筋的末端应做成135°弯钩，按搭接长度搭接，弯钩平直段长度≥10d（d为箍筋直径），或参施02图十七。
（2）梁内第一根箍筋距柱边或梁边50mm起。
（3）主梁内在次梁两侧处时，箍筋应加布置，凡未在次梁两侧注明箍筋者，均在次梁两侧各设3组箍筋，箍筋肢数及、直径同梁箍，间距50mm。当次梁箍筋在梁配筋图中表示。
（4）主次梁相交时，次梁底部纵向钢筋应置于主梁下部纵筋之上。
（5）梁的纵向钢筋需要设置接头时，底部钢筋应在近支座1/3跨度范围内接头，上部钢筋应在跨中1/3跨度范围内接头。在同一接头范围内的接头数量不应超过总钢筋数量的50%。
（6）在梁跨中开孔大于150的洞，当设计中未说明做法时，洞的位置应在梁跨的2/3范围内，梁高的中间1/3范围内。洞及洞上下的配筋见图四。

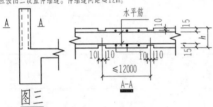

每侧2φ××　　@50

图四

（7）梁跨度大于或等于4m时，模板按跨度的0.2%起拱；悬臂梁按悬臂长度的0.4%起拱。起拱高度不小于20mm。
（8）楼梯休息平台梁与框架下梁间均需用短柱连接，短柱配箍筋同GZ，且楼梯休息平台板下无梁处加现浇板垫，板垫配筋同QL，见图五。

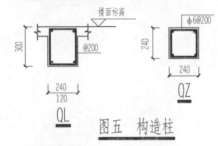

楼面标高　　楼面标高
300　　@200
240　　φ6@200
240
QL　　QZ

图五　构造柱

6.钢筋混凝土柱：
（1）柱子箍筋，除拉结钢筋外均采用封闭形式，并做成135°弯钩，直钩长度为10d，当该柱中全部纵向钢筋的配箍超过3%时，箍筋应焊成封闭形式。
（2）柱应按建筑图中填充墙的位置预留拉结筋。
（3）柱与现浇过梁、圈梁连接处，在柱内应预留插铁，插铁伸出柱外皮长度为1.2lₐ，插入柱内长度为lₐ。
（4）女儿墙设置240×240构造柱，柱内配4φ14主筋，箍筋φ6@200构造柱每隔4.00m设置一个，女儿墙顶部设置360×120混凝土压顶梁，梁内配主筋4φ10，箍筋φ6@200。
（7）当混凝土柱强度等级高出梁一个等级时，梁柱节点处混凝土可随梁混凝土强度等级浇筑。当柱混凝土强度等级高于梁混凝土两等级以上时，梁柱节点处混凝土应按柱混凝土强度等级浇筑。此时，应先浇筑柱的高等级混凝土，然后再浇筑梁的低等级混凝土，也可以同时浇注，应应特别注意，不应使低等级混凝土扩散到高等级混凝土的结构部位中，以确保高强混凝土结构质量。柱高等级混凝土浇筑范围见图六。

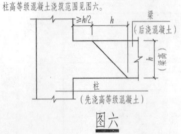

图六

8.填充墙：
（1）填充墙的材料、平面位置见建筑图，不得随意更改。
（2）当首层填充墙下无基础梁或结构梁楼板时，墙下应做基础，基础做法详见图七。

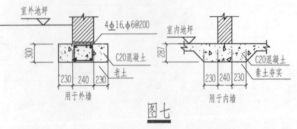

室外地坪　　室内地坪
300　　287
4φ16，φ6@200
C20混凝土　　老土　　C20混凝土　素土夯实
230 240 230　　230 240 230
用于外墙　　用于内墙

图七

（3）砌体填充墙应沿墙体高度每隔500mm设置2φ6拉结筋，拉结与主体结构的拉结做法详见标准图集。墙体构造及与主体结构的拉结做法详见各建筑专业及相应的图集选用，或参施02图十三。
（4）当砌体填充墙长度大于墙高2倍时，应按建筑图表示的位置设置钢筋混凝土构造柱，构造柱箍筋见图八，构造柱上下端楼层各400mm范围内，箍筋间距加密到间距100。

构造柱与楼面相交处在施工楼面时应留出相应插筋，见图九。构造柱钢筋绑完后，应先砌墙，后浇筑混凝土，在浇柱根处，墙体中应留出拉结筋。浇筑构造柱混凝土前，应将柱根处杂物清理，并用压力水，冲洗，然后才能浇筑混凝土。

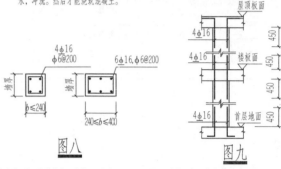

4φ16　　4φ16　　屋顶板面
φ6@200　　φ6，φ6@200　　450
4φ16　　楼面　　450
4φ16　　450
b≤240　　240≤b≤400　　首层地面　　450
图八　　图九

（5）填充墙应在主体结构施工完毕后，由上而下逐层砌筑，或将填充墙砌筑到梁、板底附近，最后再由上而下按下述（9）条要求完成。
（6）填充墙洞口过梁可根据建筑图纸的洞口尺寸按《钢筋混凝土过梁（烧结多孔砖砌体）》(03G322-2)选用，荷载按一级取用，或参施03图十八。当洞口紧靠柱或钢筋混凝土墙体时，过梁改为现浇。施工主体结构时，应按相应的梁配筋，在柱（墙）内预留插筋，见图十。现浇过梁截面、配筋按下列表形式给出：

填充墙洞顶过梁表

洞口净跨L₀	L₀<1000	1000≤L₀<1500	1500≤L₀<2100	2100≤L₀<2700	2700≤L₀<3000	3000≤L₀<3600
梁高h	120	120	180	200	250	300
支座长度a	240	240	240	370	370	370
②	2φ10	2φ10	2φ10	2φ12	2φ12	2φ12
①	2φ10	2φ12	2φ14	3φ14	3φ16	3φ16
③	φ6@200	φ6@200	φ6@200	φ6@200	φ6@150	φ6@150

（7）洞顶离梁底距离小于混凝土过梁高度时，采用与梁浇的下挂板替代过梁，见图十一。

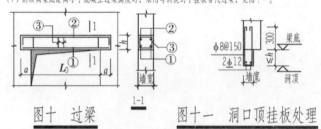

φ8@150　　300
2φ12　　≤h
图十　过梁　　图十一　洞口顶挂板处理

（8）当砌体填充墙高度大于4m时，应设钢筋混凝土圈梁。做法为：一内墙门洞上设一道，兼作过梁，外墙窗及窗洞处各设一道。内墙圈梁宽度同墙厚，高度120mm。外墙圈梁宽度按建筑墙身剖面图，高度180mm。圈梁宽度b≤240mm时，配筋上下各2φ12，φ6@200箍筋；b>240mm时，配筋上下各2φ14，φ6@200箍筋。圈梁兼作过梁时，在洞口上方按过梁要求确实截面并另加钢筋。
（9）填充墙砌到至梁、板底附近后，应停停墙体沉实后再用斜砌法把下部砌体与上部板、梁用砌块逐块嵌紧填实，构造柱顶采用干硬性混凝土捣实。参见图十二。

梁或板
混凝土表面抹灰，必须对基层采取洒1:0.5水泥砂浆（内掺勤结剂）　　顶部斜砌墙须待下部砖墙沉实后再砌筑，并须逐块嵌紧砌实，砂浆饱满
在梁、柱与墙连接处用钢丝网加强拉结筋和拉结钢丝间宽不小于500

图十二　填充墙顶部构造

××建筑设计有限公司	审定		兴建单位	××工程公司	
	审核		工程名称	某厂房	合同号
	校对				图别 结施
	设计		图名	结构设计总说明(二)	图号 02
签字齐全 盖章有效	制图				日期 2010.01

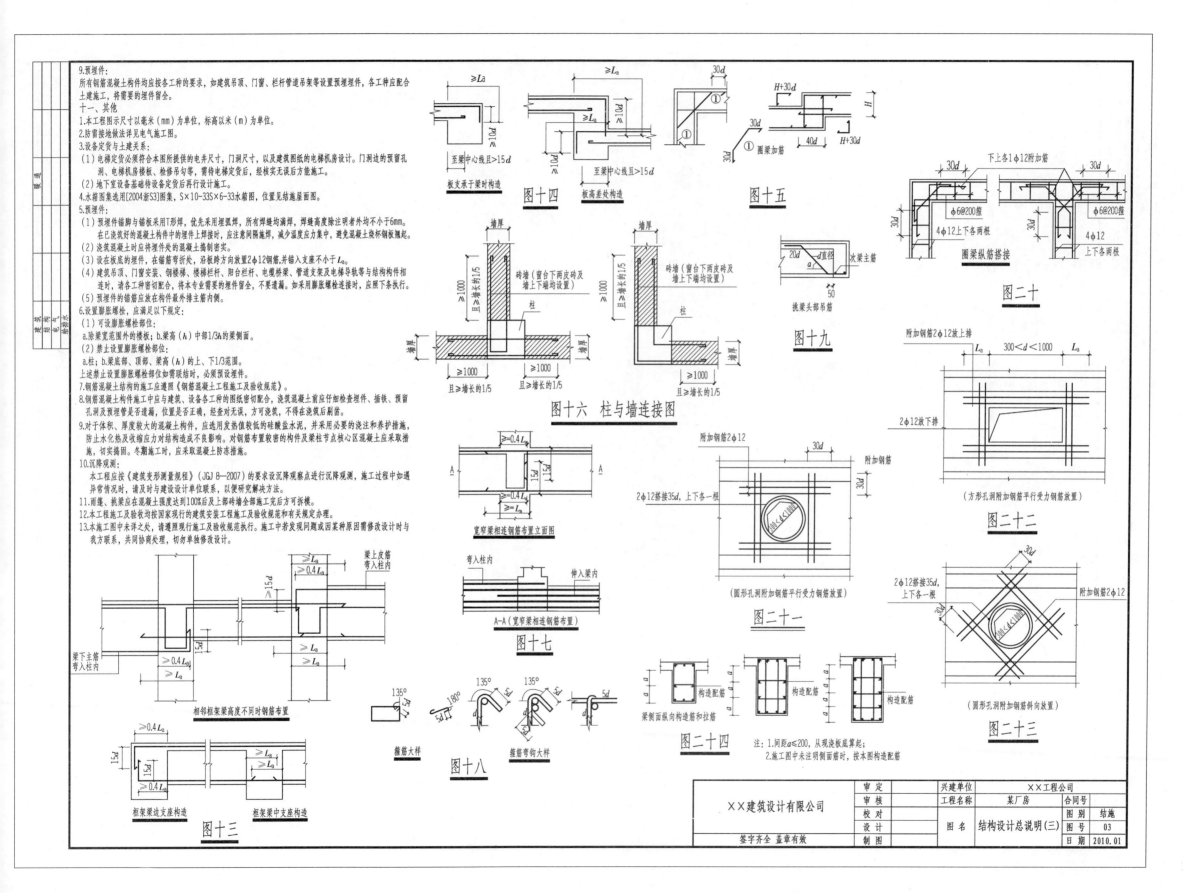

9.预埋件:
所有钢筋混凝土构件均应按各工种的要求,如建筑吊顶、门窗、栏杆管道吊架等设置预埋件,各工种应配合土建施工,将需要的埋件留全。
十一、其他
1.本工程图示尺寸以毫米(mm)为单位,标高以米(m)为单位。
2.防雷接地做法详见电气施工图。
3.设备定货与土建关系:
(1)电梯定货必须符合本图所提供的电井尺寸,门洞尺寸,以及建筑图纸的电梯机房设计。门洞边的预留孔洞、电梯机房楼板、检修井勾等,需待电梯定货后,经核实无误后方能施工。
(2)地下室设备基础待设备定货后再行设计施工。
4.水箱图集选用[2004浙S3]图集,S×10-33S×6-33水箱,位置见结施屋面图。
5.预埋件:
(1)预埋件锚脚与埋板采用T形焊,优先采用埋弧焊,所有焊缝均满焊,焊缝高度除注明者外均不小于6mm。在已浇筑好的混凝土构件中的埋件T焊接时,应注意间隔施焊,减少温度应力集中,避免混凝土烧杯钢板翘起。
(2)浇筑混凝土时应将埋件处的混凝土捣制密实。
(3)设在板底的埋件,在锚筋弯折处,沿板跨方向放置2φ12钢筋,并锚入支座不小于La。
(4)建筑吊顶、门窗安装、钢楼梯、楼梯栏杆、阳台栏杆、电缆桥架、管道支架及电梯导轨等与结构构件相连时,请各工种密切配合,请本专业设计的埋件留全,不要遗漏。如采用膨胀螺栓连接时,应照下条执行。
(5)预埋件的锚筋应在构件最外排主筋内侧。
6.设置膨胀螺栓,应满足以下规定:
(1)可设膨胀螺栓部位:a.除梁宽范围外的楼板;b.梁高(h)中部1/3h的梁侧面。
(2)禁止设置膨胀螺栓部位:a.柱;b.梁底部、顶部、梁高(h)的上、下1/3范围。
上述禁止设置膨胀螺栓部位如有联结时,必须预设埋件。
7.钢筋混凝土结构的施工应遵照《钢筋混凝土工程施工及验收规范》。
8.钢筋混凝土构件施工中应与建筑、设备各工种的图纸切实密切,浇筑混凝土前应仔细检查埋件、插铁、预留孔洞及预埋管是否遗漏,位置是否正确,经查实无误,方可浇筑,不得在浇筑后剔凿。
9.对于体积、厚度较大的混凝土构件,应选用发热量较低的硅酸盐水泥,并采用必要的浇注和养护措施,防止水化热及收缩应力对结构造成不良影响。对钢筋布置较密的构件及梁柱节点核心区混凝土应采取措施,切实捣固。冬期施工时,应采取混凝土防冻措施。
10.沉降观测:
本工程应按《建筑变形测量规程》(JGJ 8—2007)的要求设沉降观察点进行沉降观测,施工过程中如遇异常情况时,请及时与建筑设计单位联系,以便研究解决办法。
11.雨篷、挑梁应在混凝土强度达到100%后及上部墙体全部完工后方可拆模。
12.本工程施工及验收均按国家现行的建筑安装工程施工及验收规范和有关规定办理。
13.本施工图中未详之处,请遵照现行施工及验收规范执行。施工中若发现问题或因某种原因需修改设计时与我方联系,共同协商处理,切勿单独修改设计。

图十四

图十五

图十六 柱与墙连接图

图十九

图二十

图二十一

图二十二

图二十三

图十七

图十三

图十八

图二十四

注:1.间距a≤200,从现浇板底算起;
2.施工图中未注明侧面时,按本图构造配筋。

审 定		兴建单位	××工程公司	
审 核		工程名称	某厂房	合同号
校 对				
设 计		图 名	结构设计总说明(三)	图别 结施
制 图				图号 03

××建筑设计有限公司

签字齐全 盖章有效

日期 2010.01

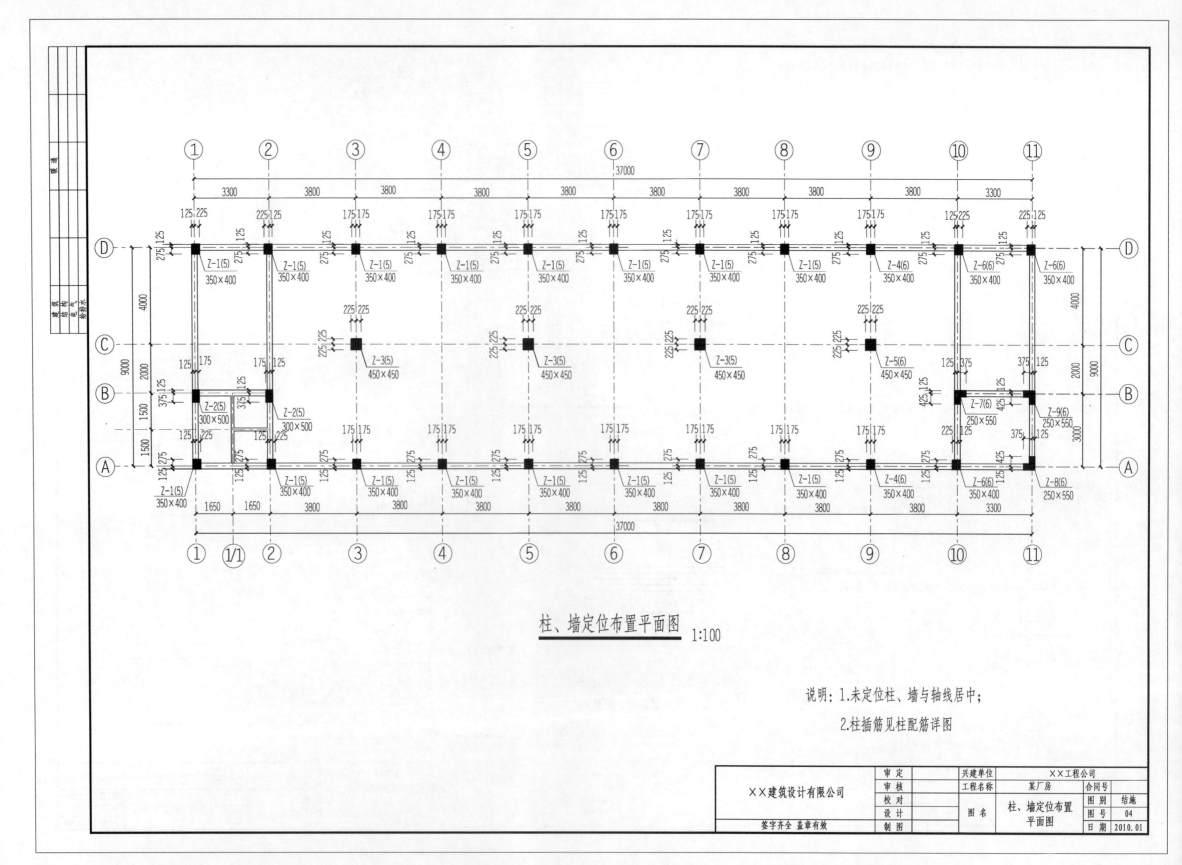

柱、墙定位布置平面图 1:100

说明：1.未定位柱、墙与轴线居中；

2.柱插筋见柱配筋详图

××建筑设计有限公司	审 定		兴建单位	××工程公司		合同号	
	审 核		工程名称	某厂房			
	校 对				柱、墙定位布置平面图	图 别	结施
	设 计		图 名			图 号	04
签字齐全 盖章有效	制 图					日 期	2010.01

36

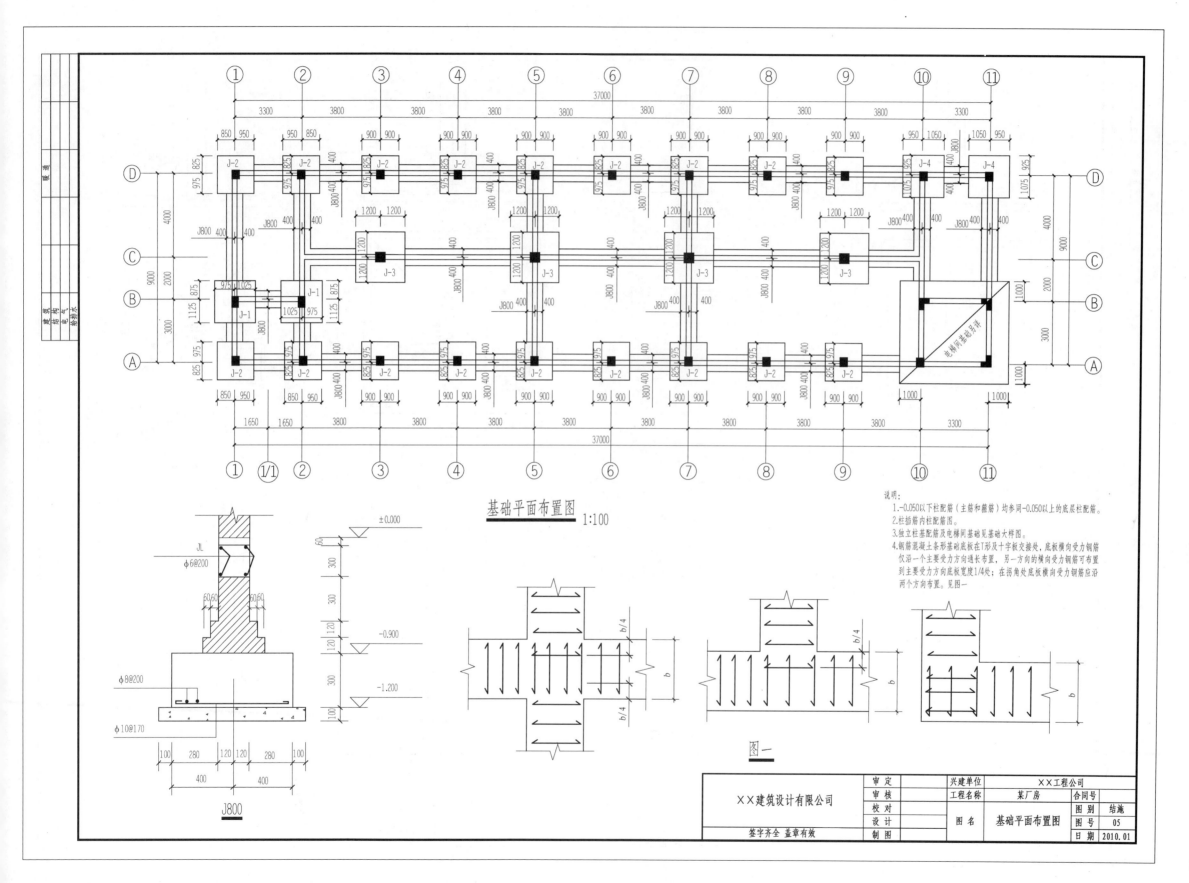

基础平面布置图 1:100

说明:
1.-0.050以下柱配筋(主筋和箍筋)均参同-0.050以上的底层柱配筋。
2.柱插筋内柱配筋图。
3.独立柱基配筋及电梯间基础见基础大样图。
4.钢筋混凝土条形基础底板在T形及十字板交接处,底板横向受力钢筋仅沿一个主要受力方向通长布置,另一方向的横向受力钢筋可布置到主要受力方向底板宽度1/4处;在拐角处底板横向受力钢筋应沿两个方向布置。见图一。

J800

图一

	XX建筑设计有限公司	审 定		兴建单位	XX工程公司		
		审 核		工程名称	某厂房	合同号	
		校 对				图 别	结施
		设 计		图 名	基础平面布置图	图 号	05
	签字齐全 盖章有效	制 图				日 期	2010.01

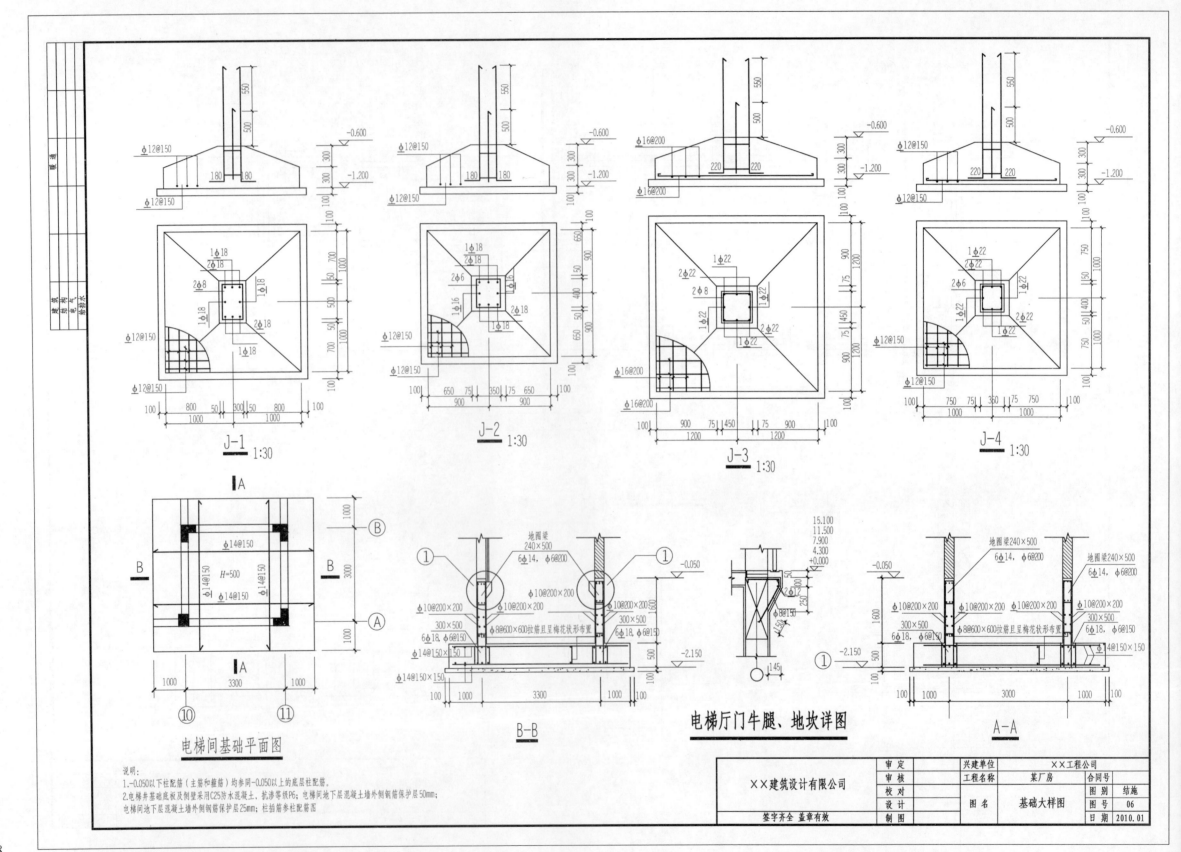

J-1 1:30

J-2 1:30

J-3 1:30

J-4 1:30

电梯间基础平面图

B—B

电梯厅门牛腿、地坎详图

A—A

说明:
1.-0.050以下柱配筋(主筋和箍筋)均参同-0.050以上的底层柱配筋。
2.电梯井基础底板及侧壁采用C25防水混凝土,抗渗等级P6;电梯间地下层混凝土墙外侧钢筋保护层50mm;
电梯间地下层混凝土墙内侧钢筋保护层25mm;柱插筋参柱配筋图

××建筑设计有限公司	审 定		兴建单位	××工程公司	
	审 核		工程名称	某厂房	合同号
	校 对				图 别 结施
	设 计		图 名	基础大样图	图 号 06
签字齐全 盖章有效	制 图				日 期 2010.01

38

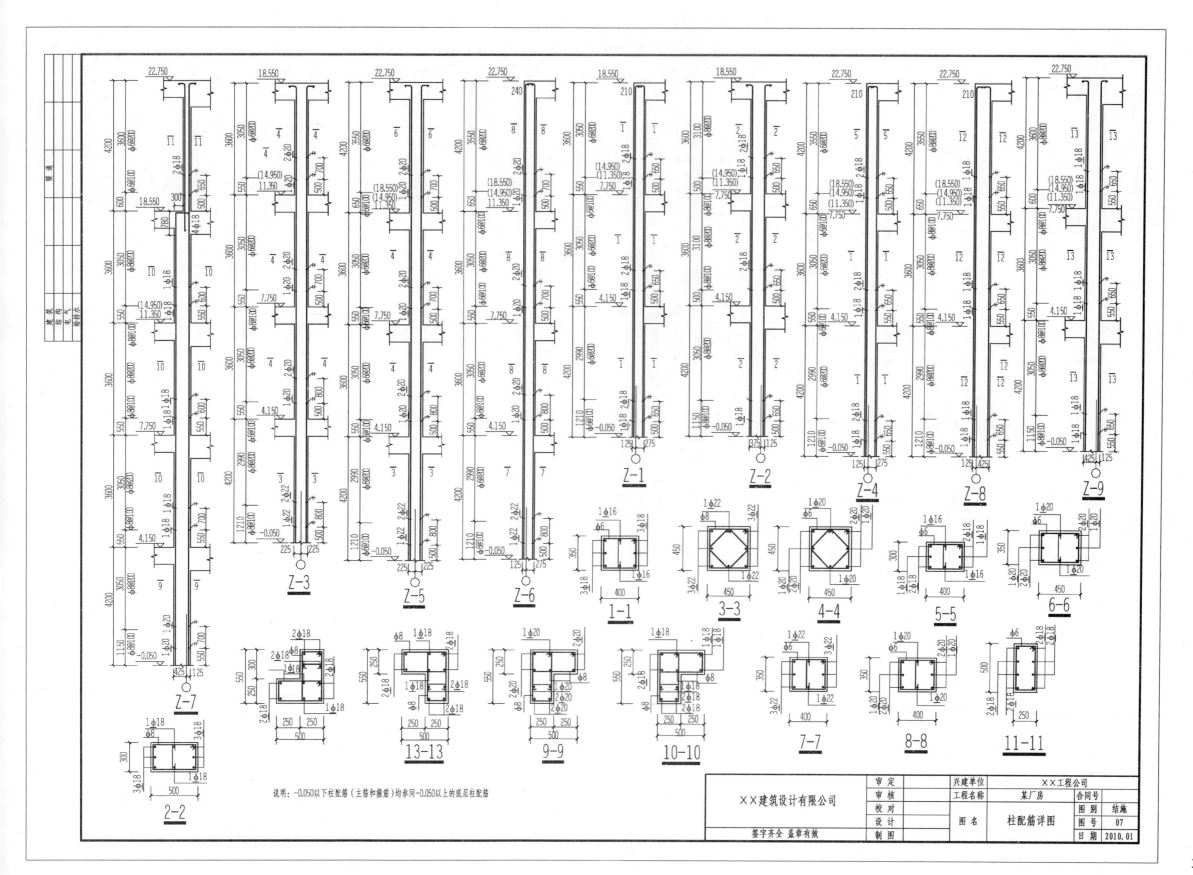

说明：-0.050以下柱配筋（主筋和箍筋）均参同-0.050以上的底层柱配筋

××建筑设计有限公司	审定		兴建单位	××工程公司	
	审核		工程名称	某厂房	合同号
	校对				图别	结施
	设计		图名	柱配筋详图	图号	07
签字齐全 盖章有效	制图				日期	2010.01

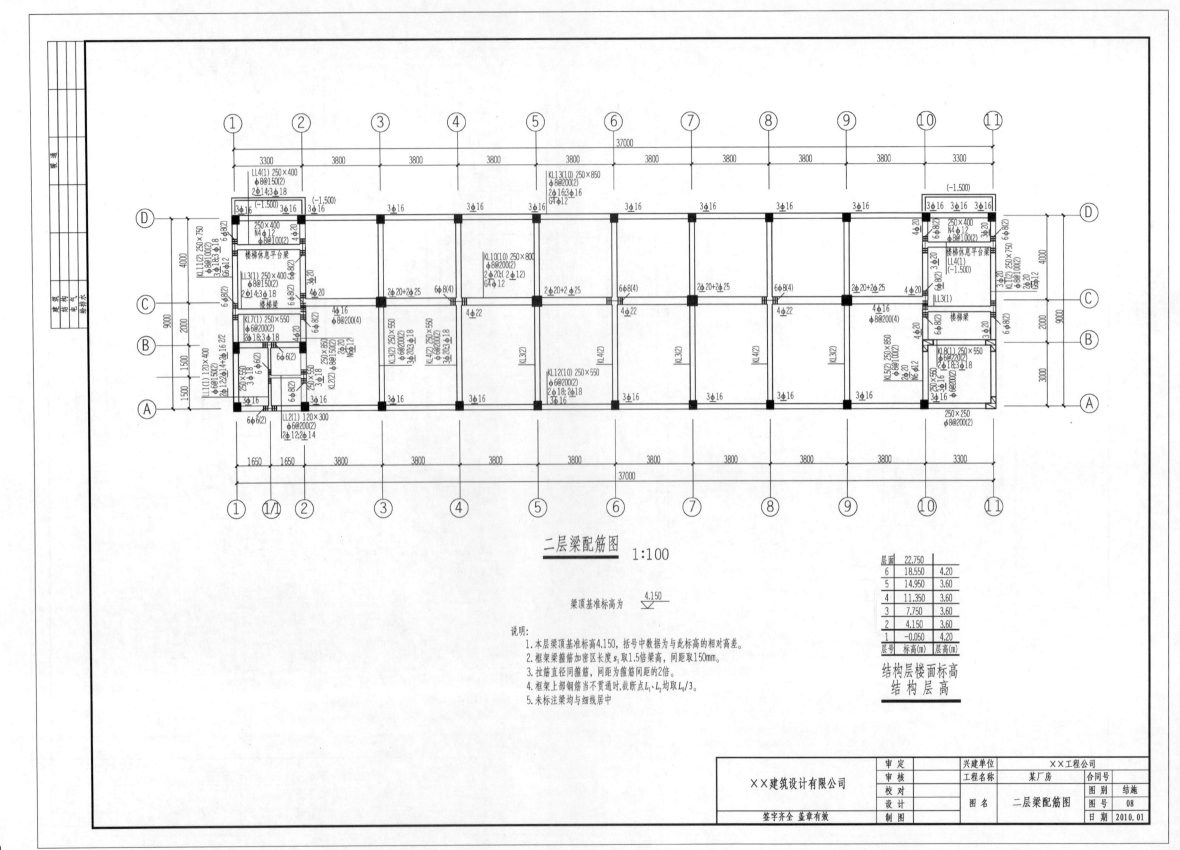

二层梁配筋图 1:100

梁顶基准标高为 ▽ 4.150

说明:
1. 本层梁顶基准标高4.150,括号中数据为与此标高的相对高差。
2. 框架梁箍筋加密区长度 s_1 取1.5倍梁高,间距取150mm。
3. 拉筋直径同箍筋,间距为箍筋间距的2倍。
4. 框架上部钢筋当不贯通时,截断点 L_1、L_2 均取 $L_n/3$。
5. 未标注梁均与细线居中。

层面	22.750	
6	18.550	4.20
5	14.950	3.60
4	11.350	3.60
3	7.750	3.60
2	4.150	3.60
1	-0.050	4.20
层号	标高(m)	层高(m)

结构层楼面标高
结构层高

	审 定	兴建单位	××工程公司	
××建筑设计有限公司	审 核	工程名称	某厂房	合同号
	校 对			图别 结施
	设 计	图 名	二层梁配筋图	图号 08
签字齐全 盖章有效	制 图			日 期 2010.01

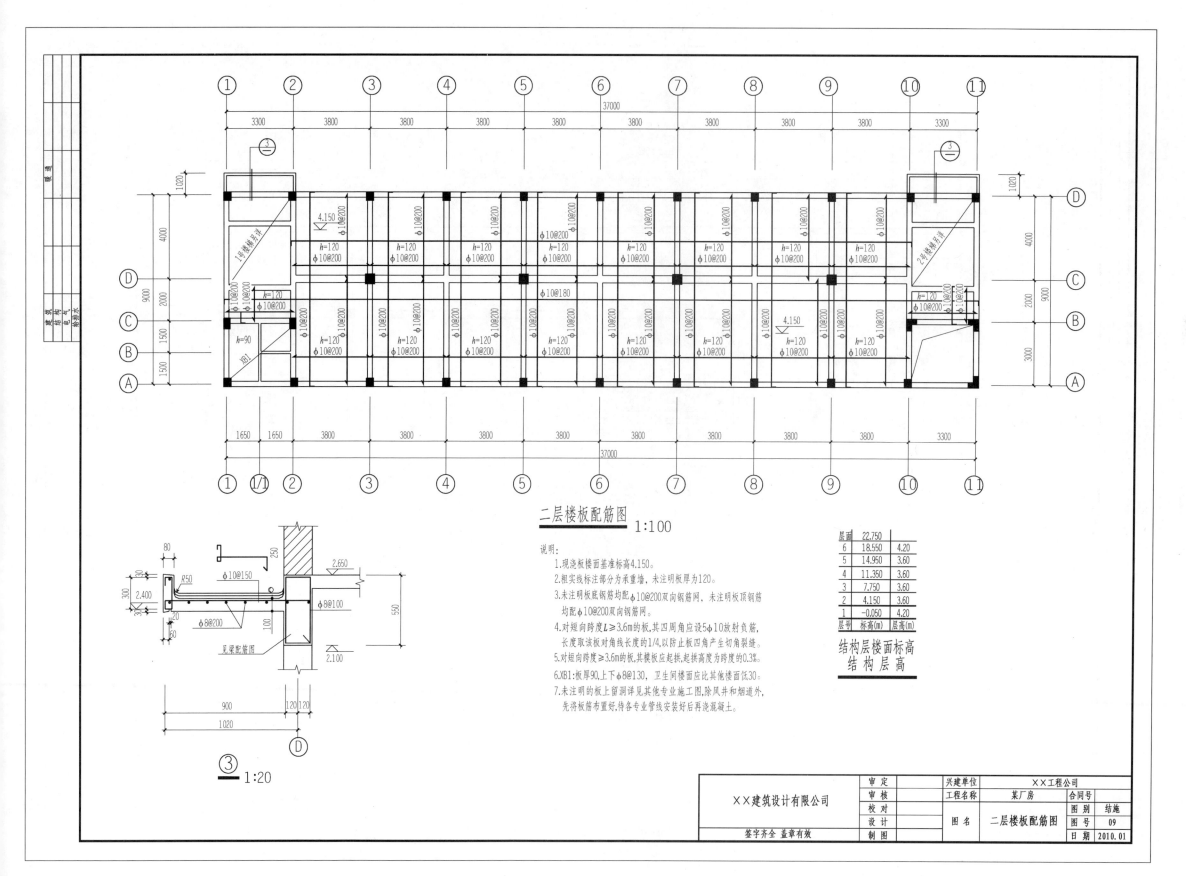

二层楼板配筋图 1:100

说明:
1. 现浇板楼面基准标高4.150。
2. 粗实线标注部分为承重墙,未注明板厚为120。
3. 未注明板底钢筋均配φ10@200双向钢筋网,未注明板顶钢筋均配φ10@200双向钢筋网。
4. 对短向跨度L≥3.6m的板,其四周角应设5φ10放射负筋,长度取波板对角线长度的1/4,以防止板四角产生切角裂缝。
5. 对短向跨度≥3.6m的板,其模板应起拱,起拱高度为跨度的0.3%。
6. XB1:板厚90,上下φ8@130,卫生间楼面应比其他楼面低30。
7. 未注明的板上留洞详见其他专业施工图,除风井和烟道外,先将板筋布置好,待各专业管线安装好后再浇混凝土。

③ 1:20

层面	22.750	
6	18.550	4.20
5	14.950	3.60
4	11.350	3.60
3	7.750	3.60
2	4.150	3.60
1	-0.050	4.20
层号	标高(m)	层高(m)

结构层楼面标高
结构层高

××建筑设计有限公司	审定		兴建单位	××工程公司		
	审核		工程名称	某厂房	合同号	
	校对				图别	结施
	设计		图名	二层楼板配筋图	图号	09
签字齐全 盖章有效	制图				日期	2010.01

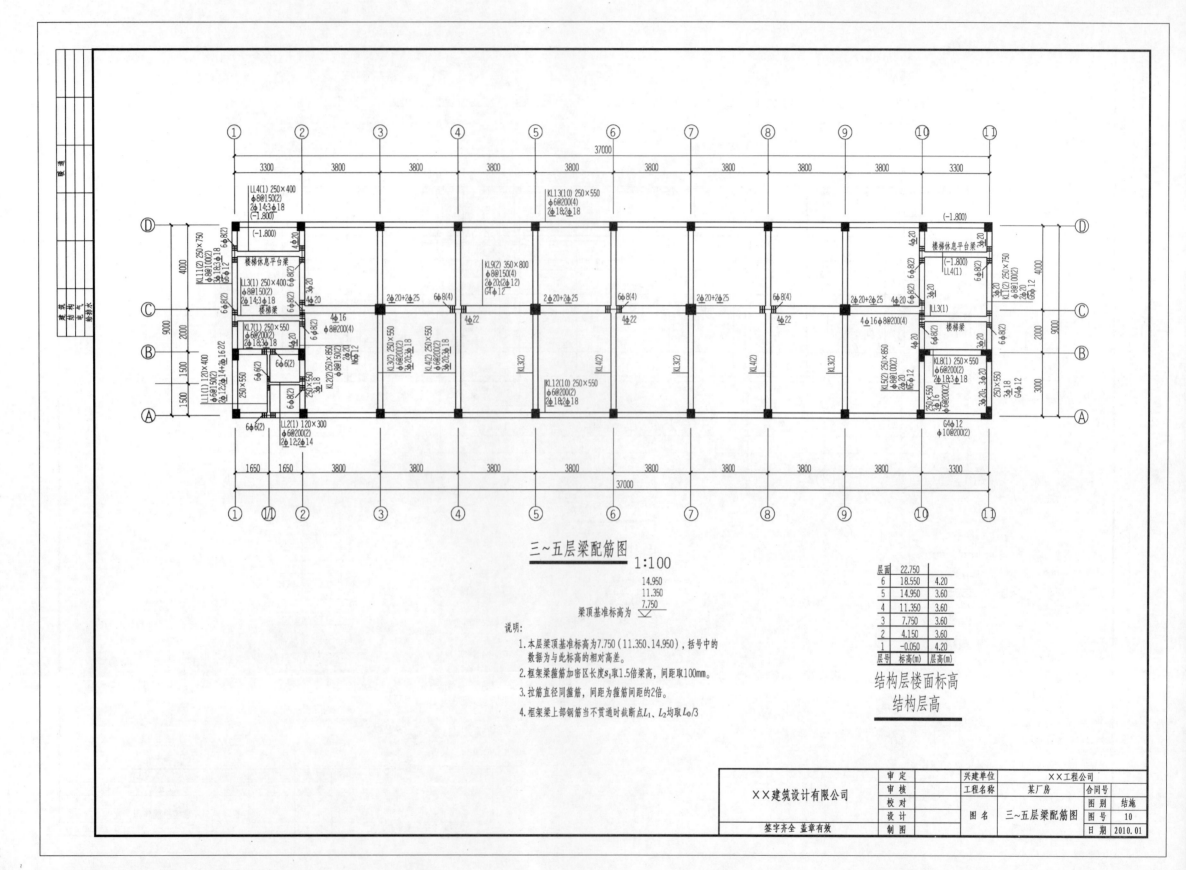

三~五层梁配筋图 1:100

14.950
11.350
梁顶基准标高为 7.750

说明:
1. 本层梁顶基准标高为7.750(11.350、14.950),括号中的数据为与此标高的相对高差。
2. 框架梁箍筋加密区长度s_1取1.5倍梁高,间距取100mm。
3. 拉筋直径同箍筋,间距为箍筋间距的2倍。
4. 框架梁上部钢筋当不贯通时截断点L_1、L_2均取$L_0/3$。

层号	标高(m)	层高(m)
层面	22.750	
6	18.550	4.20
5	14.950	3.60
4	11.350	3.60
3	7.750	3.60
2	4.150	3.60
1	-0.050	4.20

结构层楼面标高
结构层层高

	审 定		兴建单位	××工程公司	合同号	
××建筑设计有限公司	审 核		工程名称	某厂房		
	校 对				图别	结施
	设 计		图 名	三~五层梁配筋图	图号	10
签字齐全 盖章有效	制 图				日期	2010.01

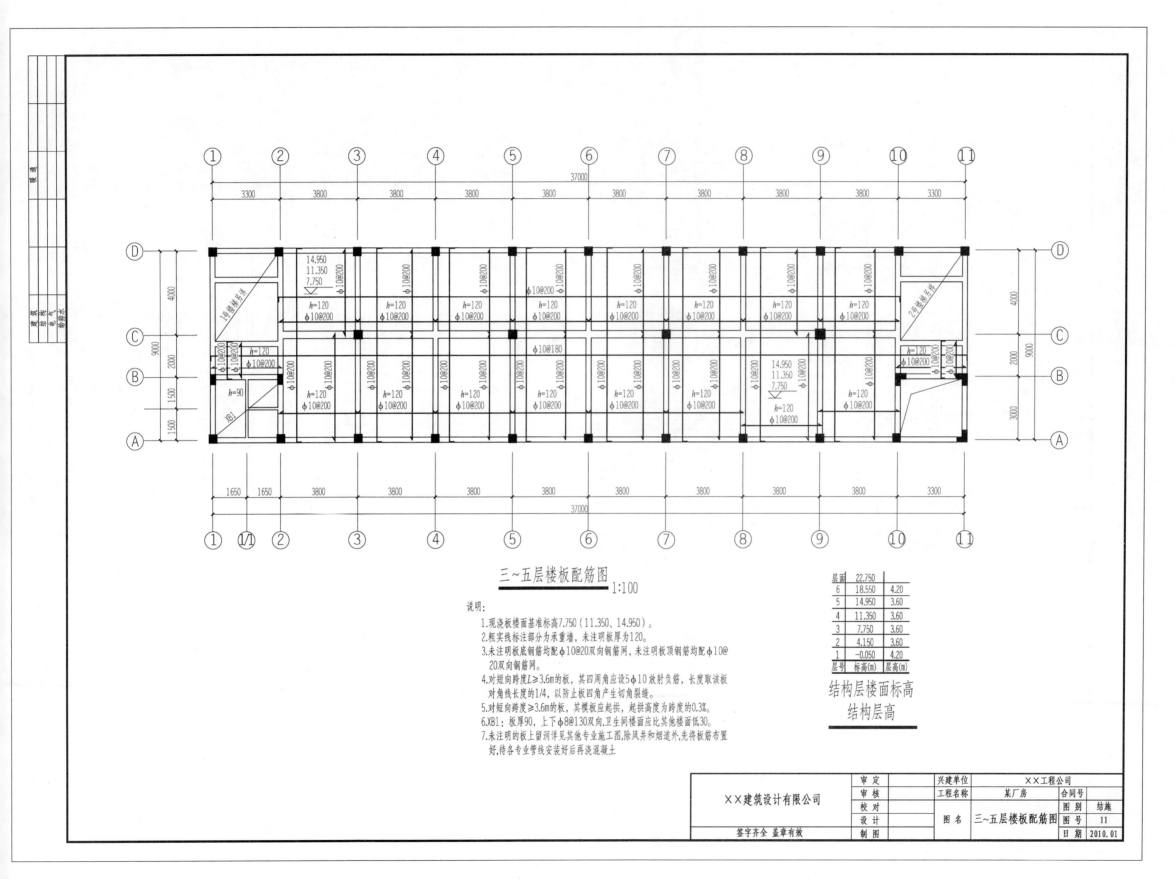

三~五层楼板配筋图 1:100

说明:
1. 现浇板楼面基准标高7.750 (11.350、14.950)。
2. 粗实线标注部分为承重墙, 未注明板厚为120。
3. 未注明板底钢筋均配φ10@20双向钢筋网, 未注明板顶钢筋均配φ10@20双向钢筋网。
4. 对短向跨度L≥3.6m的板, 其四周角应设5φ10放射负筋, 长度取该板对角线长度的1/4, 以防止板四角产生切角裂缝。
5. 对短向跨度≥3.6m的板, 其楼板应起拱, 起拱高度为跨度的0.3‰。
6. XB1: 板厚90, 上下φ8@130双向, 卫生间楼面应比其他楼面低30。
7. 未注明的板上留洞洋见其他专业施工图, 除风井和烟道外, 先将板筋布置好, 待各专业管线安装好后再浇混凝土。

层面	22.750	
6	18.550	4.20
5	14.950	3.60
4	11.350	3.60
3	7.750	3.60
2	4.150	3.60
1	-0.050	4.20
层号	标高(m)	层高(m)

结构层楼面标高
结构层高

××建筑设计有限公司		审 定		兴建单位	××工程公司		
		审 核		工程名称	某厂房	合同号	
		校 对				图别	结施
		设 计		图 名	三~五层楼板配筋图	图号	11
签字齐全 盖章有效		制 图				日期	2010.01

43

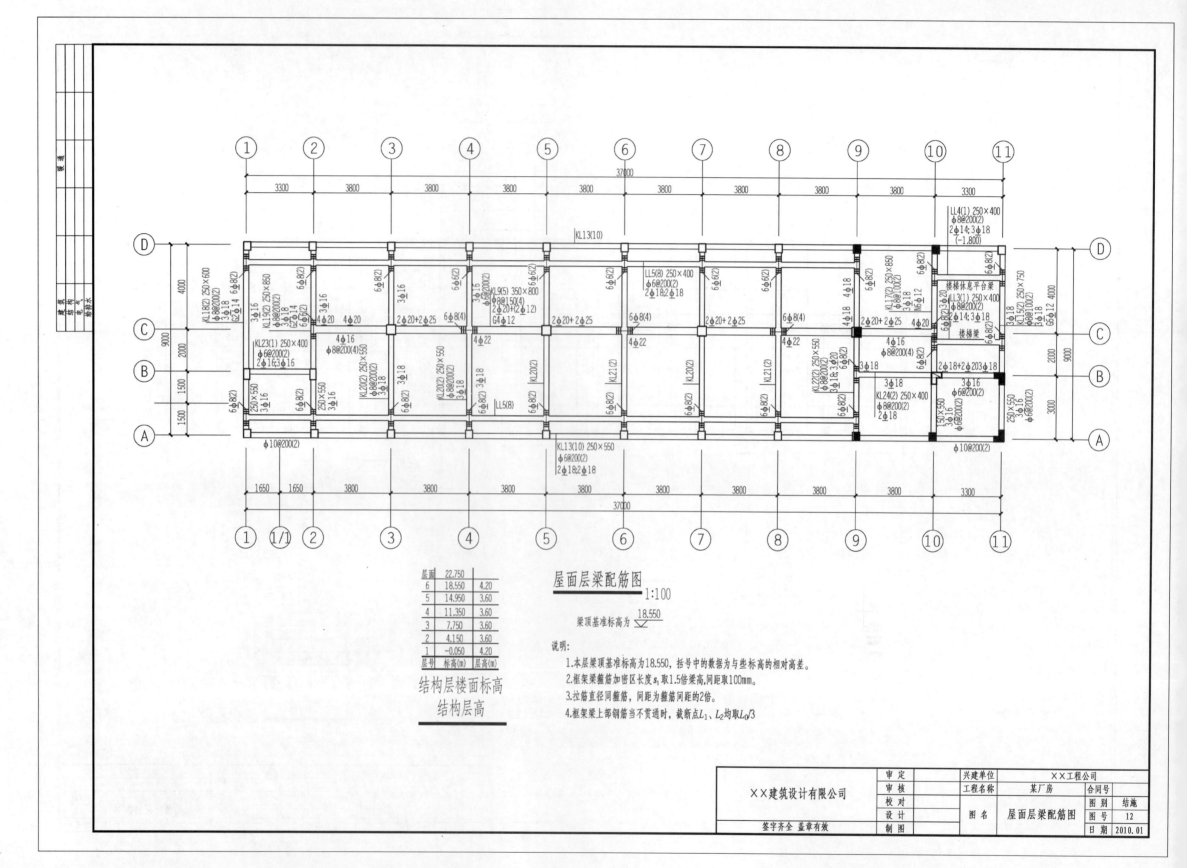

屋面层梁配筋图
1:100

梁顶基准标高为 18.550

结构层楼面标高
结构层高

屋面	22.750	
6	18.550	4.20
5	14.950	3.60
4	11.350	3.60
3	7.750	3.60
2	4.150	3.60
1	-0.050	4.20
层号	标高(m)	层高(m)

说明:
1. 本层梁顶基准标高为18.550,括号中的数据为与坐标高的相对高差。
2. 框架梁箍筋加密区长度 s_1 取1.5倍梁高,同距取100mm。
3. 拉筋直径同箍筋,间距为箍筋间距的2倍。
4. 框架梁上部钢筋当不贯通时,截断点 L_1、L_2 均取 $L_0/3$

XX建筑设计有限公司

签字齐全 盖章有效

审 定		兴建单位	XX工程公司	合同号			
审 核		工程名称	某厂房		图别	结施	
校 对					图号	12	
设 计		图 名	屋面层梁配筋图				
制 图				日 期	2010.01		

44

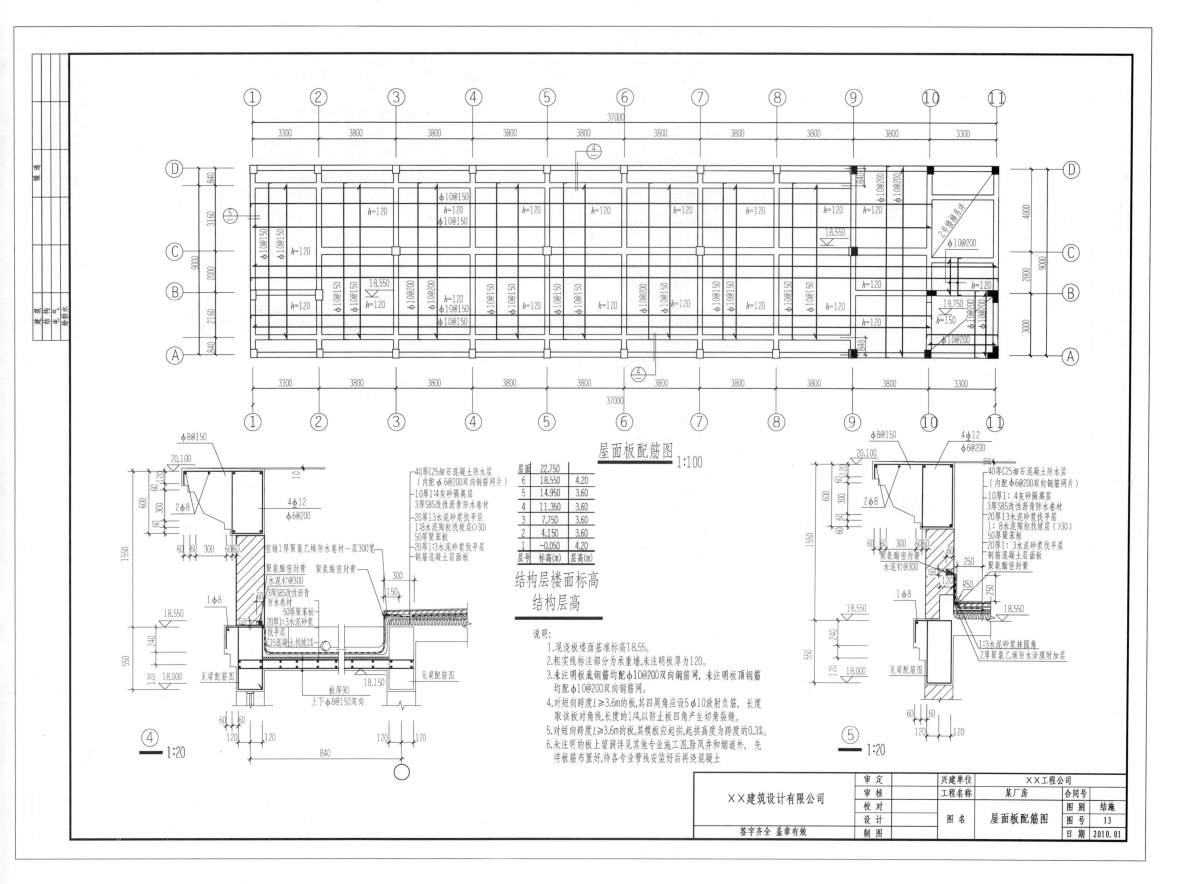

屋面板配筋图 1:100

结构层楼面标高
结构层高

层号	标高(m)	层高(m)
层面	22.750	
6	18.550	4.20
5	14.950	3.60
4	11.350	3.60
3	7.750	3.60
2	4.150	3.60
1	-0.050	4.20

说明:
1. 现浇板楼面基准标高18.55。
2. 粗实线标注部分为承重墙,未注明板厚为120。
3. 未注明板底钢筋均配φ10@200双向钢筋网,未注明板顶钢筋均配φ10@200双向钢筋网。
4. 对短向跨度L≥3.6m的板,其四周角应设5φ10放射负筋,长度取该板对角线,长度的1/4,以防止板四角产生切角裂缝。
5. 对短向跨度L≥3.6m的板,其模板应起拱,起拱高度为跨度的0.3%。
6. 未注明的板上留洞详见其他专业施工图,除风井和烟道外,先将板筋布置好,待各专业管线安装好后再浇混凝土

××建筑设计有限公司	审定	兴建单位	××工程公司	
	审核	工程名称	某厂房	合同号
	校对			图别 结施
	设计	图名	屋面板配筋图	图号 13
签字齐全 盖章有效	制图			日期 2010.01

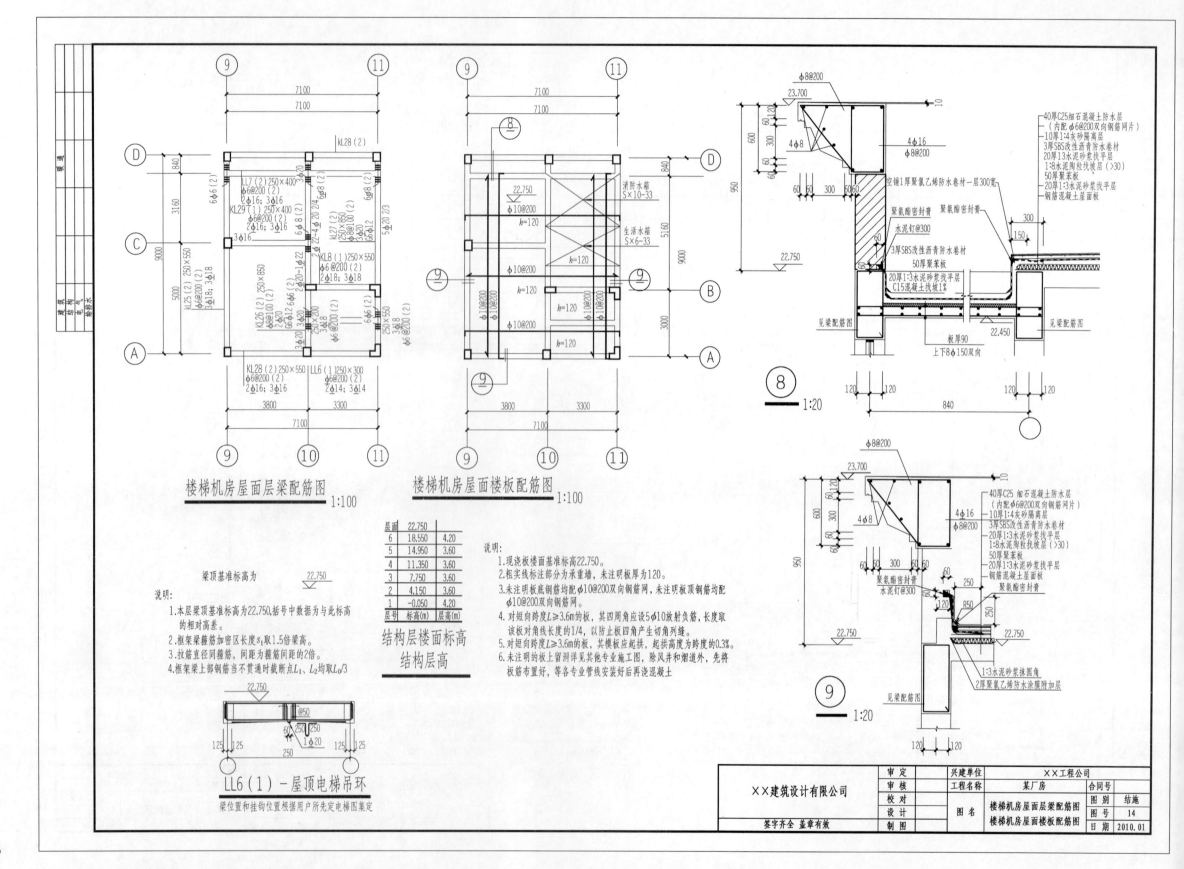

楼梯机房屋面层梁配筋图 1:100

楼梯机房屋面楼板配筋图 1:100

梁顶基准标高为 22.750

说明:
1.本层梁顶基准标高为22.750,括号中数据为与此标高的相对高差。
2.框架梁箍筋加密区长度s_1取1.5倍梁高。
3.拉筋直径同箍筋,间距为箍筋间距的2倍。
4.框架梁上部钢筋当不贯通时截断点L_1、L_2均取L_0/3

层号	标高(m)	层高(m)
屋面	22.750	
6	18.550	4.20
5	14.950	3.60
4	11.350	3.60
3	7.750	3.60
2	4.150	3.60
1	-0.050	4.20

结构层楼面标高
结构层高

说明:
1.现浇板楼面基准标高22.750。
2.框实线标注部分为承重墙,未注明板厚为120。
3.未注明板底钢筋均配φ10@200双向钢筋网,未注明板顶钢筋均配φ10@200双向钢筋网。
4.对短向跨度$L \geqslant 3.6m$的板,其四周角应设5φ10放射负筋,长度取该板对角线长度的1/4,以防止板四角产生切角列缝。
5.对短向跨度$L \geqslant 3.6m$的板,其模板应起拱,起拱高度为跨度的0.3%。
6.未注明的板上留洞详见其他专业施工图,除风井和烟道外,先将板筋布置好,等各专业管线安装好后再浇混凝土。

LL6(1)-屋顶电梯吊环
梁位置和挂钩位置根据用户所先定电梯图集定

8 1:20

9 1:20

40厚C25细石混凝土防水层
(内配φ6@200双向钢筋网片)
10厚1:4灰砂隔离层
3厚SBS改性沥青防水卷材
20厚1:3水泥砂浆找平层
1:8水泥陶粒找坡层(>30)
50厚聚苯板
20厚1:3水泥砂浆找平层
钢筋混凝土屋面板

××建筑设计有限公司

审定		兴建单位	××工程公司		
审核		工程名称	某厂房	合同号	
校对				图别	结施
设计		图名	楼梯机房屋面层梁配筋图	图号	14
制图			楼梯机房屋面楼板配筋图	日期	2010.01

签字齐全 盖章有效

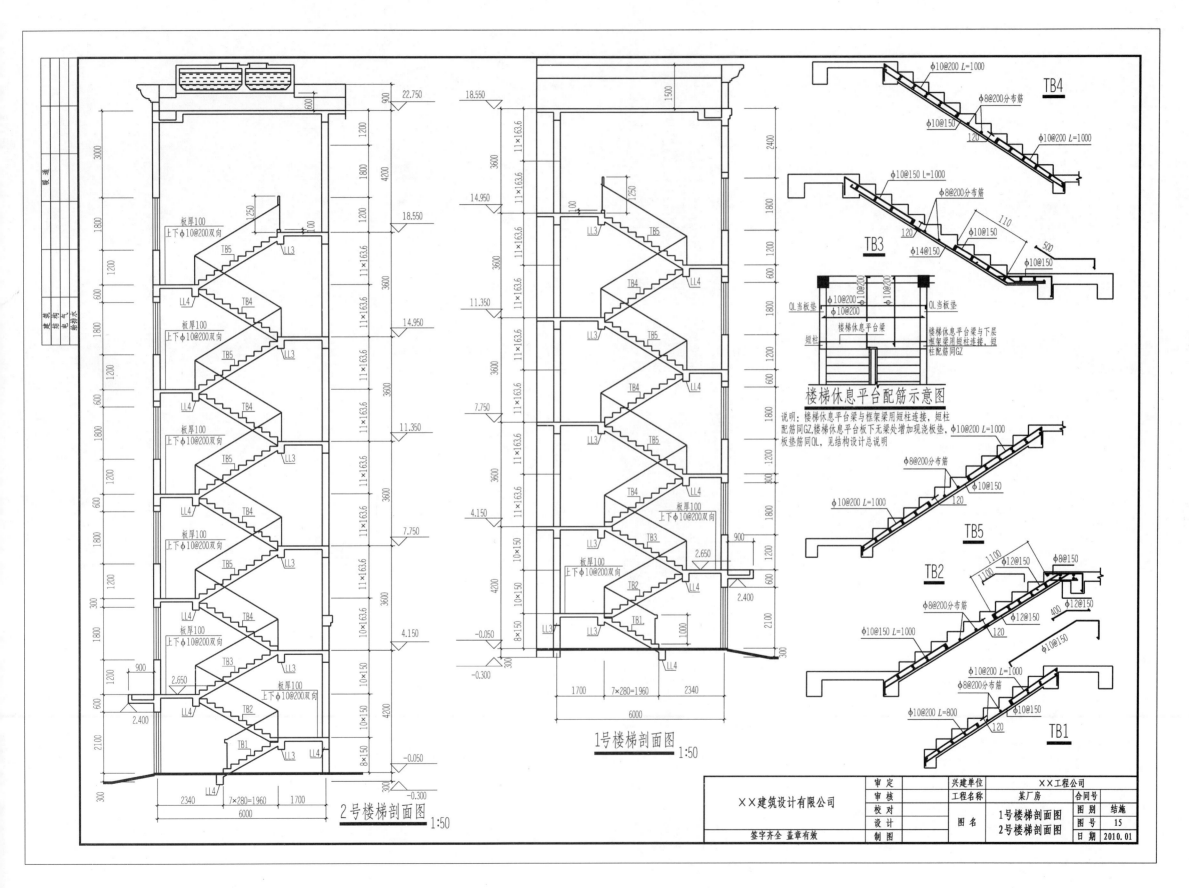

2号楼梯剖面图 1:50

1号楼梯剖面图 1:50

楼梯休息平台配筋示意图

说明：楼梯休息平台梁与框架梁用短柱连接，短柱
配筋同GZ,楼梯休息平台板下无梁处增加现浇板垫，φ10@200 L=1000
板垫筋同QL,见结构设计总说明

TB4

TB3

TB5

TB2

TB1

审 定		兴建单位	××工程公司		
审 核		工程名称	某厂房	合同号	
校 对					图别	结施
设 计		图 名	1号楼梯剖面图 2号楼梯剖面图	图号	15
制 图				日 期	2010.01

××建筑设计有限公司

签字齐全 盖章有效

47